KB262929

LE CORDON BLEU®
ACADEMIE D'ART CULINAIRE DE PARIS •1895

CHOCOLAT

르 꼬르동 블루
초콜릿 대백과

서문

책에 대하여…

초콜릿은 수많은 제과장들이 열정을 쏟아 붓는 대상이자 많은 애호가들에게 사랑 받는 제품들의 재료로써 강한 풍미를 지니고 있지만 작업하기에는 까다로운 재료입니다. 그래서 꼬르동 블루의 뛰어난 노하우를 소개하는 초콜릿 전문서적을 발간해야 할 필요성을 절감했습니다. 우리는 초콜릿을 집중적으로 다룬 이 책을 통해 다양한 레시피와 사진으로 우리의 지식과 테크닉을 공유함으로써 누구나 손쉽게 제품을 만들어 볼 수 있도록 하였습니다.

초콜릿 디저트를 만들 때 이해하기 쉽도록 단계별 과정사진이 장르 별로 들어 있습니다. 이로써 여러분은 르 꼬르동 블루의 유명 셰프들이 교육하고 있는 것을 한눈에 보실 수 있을 것입니다.

이 책은 모든 사람의 눈높이에 맞도록 만들어져 있습니다. 따라서 수준 높은 레시피임에도 불구하고 간단하고 창의적으로 표현되어 있습니다.

또한 우리는 시중에서 쉽게 구할 수 있는 재료들과 도구들을 사용하였습니다. 독자 여러분들이 최상의 결과를 얻을 수 있도록 모든 레시피가 르 꼬르동 블루 제과 셰프와 학생들의 제품 품평을 거쳤습니다.

가토, 타르트, 무스, 프리앙디즈… 그럼 이제부터 이 책의 달콤한 레시피를 섭렵하시고 다양한 형태의 초콜릿 세계를 발견하시기를 바랍니다. 즐겁고 맛있는 초콜릿 여행이 되시기 바랍니다!

패트릭 마르탱
르 꼬르동 블루 총 셰프
인터내셔널 교육개발부 부회장

르 꼬르동 블루에 대하여…

1895년 파리에 설립한 최초의 요리·제과 학교인 르 꼬르동 블루는 프랑스 요리의 우수성을 세계에 전파하는 대사의 역할을 수행하고 있습니다. 현재 전세계 약 20개국에 30개 이상의 학교에서 요리예술과 호텔 외식업 매니지먼트를 교육하고 있으며, 프랑스 요리 노하우의 전수자로서 세계에 기여하고자 합니다.

전세계 각처에서 온 학생들은 르 꼬르동 블루에서 기초부터 상급단계에 이르는 프랑스 요리·제과의 전문지식과 기술을 연마하고 습득합니다.
르 꼬르동 블루의 수업은 외식업계에서 가장 권위 있는 '프랑스 최고 장인(Meilleur Ouvrier de France)'과 유명 레스토랑에서 근무한 경력을 가진 전문가들이 담당하고 있습니다. 다양한 경력과 경험을 가진 능력있는 셰프들은 오늘날 전문 분야에서 그 위상에 걸맞은 높은 수준의 교육을 보장합니다.
세계적으로 인정받고 있는 르 꼬르동 블루의 프로그램은 현장에서 일할 수 있도록 모든 기본적인 노하우를 제공할 뿐 아니라 최고의 전문인이 될 수 있도록 도와줍니다. 이처럼 탄탄한 토대야말로 창의적인 능력을 갖춘 전문인으로서 일신우일신(日新又日新)하며 진보할 수 있도록 해 줍니다.

르 꼬르동 블루는 일반인에게도 열려 있으며 전세계 미식가의 방문도 계속되고 있습니다. 평소에 프랑스의 생활예술과 미식문화에 관심을 가지고 있는 분들이라면 누구나 학생들과 함께(강의에 빈 좌석이 있을 경우) 셰프의 시연수업에 참관하고 실습 수업도 참여할 수 있습니다.

이 외에도 르 꼬르동 블루는 출판, 구르메 상품과 테이블 아트, 라이센스와 컨설팅 등의 다양한 활동과 더불어 여러 직영 레스토랑을 운영하고 있습니다. 그 중 특히 캐나다의 시그너처스 레스토랑은 북미지역 64개 베스트 레스토랑 중 하나이며 또한 멕시코시티 구 프랑스 대사관에 위치한 비영리 레스토랑에서는 멕시코 장학생들이 활기찬 분위기 속에서 연수를 받고 있습니다.

르 꼬르동 블루의 파트너와 학생들은 프랑스 스타일의 미식 문화와 생활 예술을 전파하는 '대사'들로서 방대한 네트워크를 구성하고 있습니다. 이러한 활동은 전세계에서 프랑스의 전문 지식을 현지 요구에 맞게 적용함으로써 각 문화권 간의 이해를 증진하는 데 기여하고 있습니다.

LE CORDON BLEU INTERNATIONAL DIRECTORY

Le Cordon Bleu Paris
8, rue Léon Delhomme
75015 Paris, France
T: +33 (0)1 53 68 22 50
F: +33 (0)1 48 56 03 96
paris@cordonbleu.edu

Le Cordon Bleu London
15 Bloomsbury Square
London WC1A 2LS
United Kingdom
T: +44 (0) 207 400 3900
F: +44 (0) 207 400 3901
london@cordonbleu.edu

Le Cordon Bleu Madrid
Universidad Francisco de Vitoria
Ctra. Pozuelo-Majadahonda
Km. 1,800
Pozuelo de Alarcón, 28223
Madrid, Spain
T: +34 91 715 10 46
F: +34 91 351 87 33
madrid@cordonbleu.edu

Le Cordon Bleu International BV
Herengracht 28

1015 BL Amsterdam
The Netherlands
T: +31 20 661 6592
F: +31 20 661 6593
 amsterdam@cordonbleu.edu

Le Cordon Bleu Istanbul
Özyeğin University
Çekmeköy Campus
Nişantepe Mevkii, Orman Sokak,
No:13,
Alemdağ, Çekmeköy 34794
Istanbul, Turkey
T: +90 216 564 9000
F: +90 216 564 9372
istanbul@cordonbleu.edu

Le Cordon Bleu Liban
Rectorat B.P. 446
USEK University – Kaslik
Jounieh – Lebanon
T: +961 9640 664/665
F: +961 9642 333
liban@cordonbleu.edu

Le Cordon Bleu Tokyo
Roob-1, 28-13 Sarugaku-Cho,

Daikanyama, Shibuya-Ku,
Tokyo 150-0033, Japan
T : +81 3 5489 0141
F : +81 3 5489 0145
tokyo@cordonbleu.edu

Le Cordon Bleu Kobe
The 45th 6F, 45 Harima-machi,
Chuo-Ku, Kobe-shi, Hyogo 650-0036,
Japan
T: +81 78 393 8221
F: +81 78 393 8222
kobe@cordonbleu.edu

Le Cordon Bleu Korea
7th Fl., Center for Continuing
Education,
Sookmyung Women's University,
Cheongpa-ro 47gil 100, Yongsan Gu,
Seoul, 140-742 Korea
T: +82 2 719 6961
F: +82 2 719 7569
korea@cordonbleu.edu

Le Cordon Bleu, Inc.
One Bridge Plaza N
Suite 275

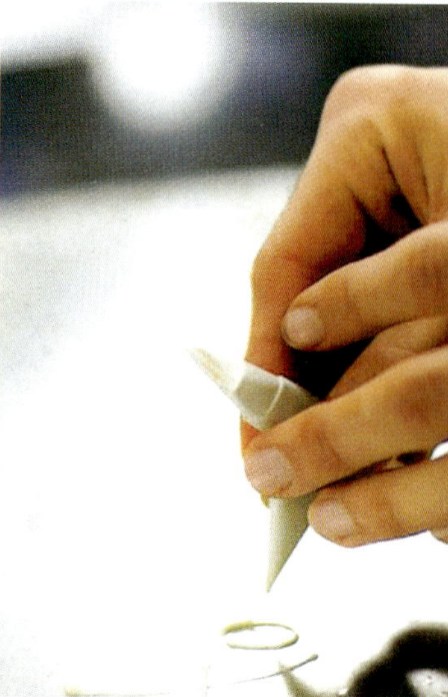

Fort Lee, NJ USA 07024
T: +1 201 490 1067
info@cordonbleu.edu

Le Cordon Bleu Ottawa
453 Laurier Avenue East
Ottawa, Ontario, K1N 6R4, Canada
T: +1 613 236 CHEF(2433)
Toll free +1 888 289 6302
F: +1 613 236 2460
Restaurant line +1 613 236 2499
ottawa@cordonbleu.edu

Le Cordon Bleu Mexico
Universidad Anáhuac Norte
Av. Universidad Anáhuac No. 46, Col.
Lomas Anáhuac
Huixquilucan, Edo. De Mex. C.P.
52786, México
T: +52 55 5627 0210 ext. 7132 / 7813
F: +52 55 5627 0210 ext.8724
mexico@cordonbleu.edu

Le Cordon Bleu Mexico
Universidad Anáhuac del Sur
Avenida de las Torres # 131,
Col. Olivar de los Padres
C.P. 01780, Del. Álvaro Obregón,
México, D.F.
T : +52 55 5628 8800
F: +52 55 5628 8837

mexico@cordonbleu.edu

Le Cordon Bleu Peru
Av. Nuñez de Balboa 530
Miraflores, Lima 18, Peru
T: +51 1 617 8300
F: +51 1 242 9209
peru@cordonbleu.edu

Le Cordon Bleu Australia
Days Road, Regency Park
South Australia 5010, Australia
Free call (Australia only) : 1 800 064
802
T: +61 8 8346 3000
F: +61 8 8346 3755
australia@cordonbleu.edu

Le Cordon Bleu Sydney
250 Blaxland Road, Ryde
New South Wales 2112, Australia
T: +61 2 8878 3100
F: +61 2 8878 3199
australia@cordonbleu.edu

Le Cordon Bleu New Zealand
Private Bag 999045, Manners St
Central, Wellington, 6142 New Zealand
T: +64 4 4729800
F: +64 4 4729805
info@lecordonbleu.co.nz

Le Cordon Bleu Shanghai
No. 1548, South Pudong Road,
Shanghai, China 200122
T: + 86 136 0166 9198
F: +86 21 65201011
shanghai@cordonbleu.edu

Le Cordon Bleu Malaysia
Sunway University
No. 5, Jalan Universiti, Bandar
Sunway, 46150 Petaling Jaya,
Selangor DE, Malaysia
T: +603 5632 1188
F: +603 5631 1133
malaysia@cordonbleu.edu

Le Cordon Bleu Thailand
946 The Dusit Thani Building
Rama IV Road, Silom
Bangrak, Bangkok
10500 Thailand
T: +66 2 237 8877
F: +66 2 237 8878
thailand@cordonbleu.edu

www.cordonbleu.edu
e-mail: info@cordonbleu.edu

NEW ORDER OF COUNTRIES 2012:
PARIS
LONDON
MADRID
AMSTERDAM
ISTANBUL
LIBAN
JAPAN
KOREA
USA
OTTAWA
MEXICO
PERU
AUSTRALIA
NEW ZEALAND
SHANGHAI
MALAYSIA
THAILAND

Contents

폭신폭신 달콤한 과자
Gâteaux gourmands et moelleux

바사삭 부서지는 타르트
Tartes en folie

부드러운 무스와 크림
Délices de mousse, délices de creme

시원한 빙과와 음료
Saveurs glacées saveurs à boire

여럿이 나눠 먹기 좋은 간식
Petits gouterts a partager

사탕과자와 초콜릿 봉봉
Tendres friandises

시작하기 전 몇 가지 조언…

재료 선택

이 책에서 언급되는 재료들은 시중에서 구입한 것으로서 르 꼬르동 블루 셰프들이 레시피를 테스트하는데 사용한 것입니다. 기본적인 재료는 밀가루 Type 45(박력분에 해당)이며, 지방 함유 우유, 일반 포장 베이킹파우더, 작은 달걀(개당 50g)이며, 초콜릿은 '제과용' 또는 '스페셜 디저트'(다크, 밀크 또는 화이트)로 사용하였습니다. 그러나 초콜릿 템퍼링 또는 글라사주 재료에는 되도록이면, 카카오 버터 함유량 31%의 전문가용 초콜릿, 일명 '커버추어'가 좋습니다.

전문적인 도구

이 레시피에는 대체로 일반적인 제과 도구를 사용하였습니다. 그러나 일부 레시피는 특별한 도구가 필요합니다. 예를 들어 시누아(고운 체), 원형 모양깍지 또는 별 모양깍지를 끼운 짜주머니, 다양한 크기의 제과용 틀, 쿠킹 온도계(초콜릿 템퍼링 용으로 탐침(探針)이 부착된 전자 온도계가 이상적임) 등등의 도구들 입니다.

오븐에서 굽기

참고 삼아 제시한 굽는 온도나 시간은 오븐에 따라 약간 달라질 수 있습니다. 이 책에서 사용한 것은 작은 다용도 전기 오븐이었습니다.

Gâteaux gourmands et moelleux

폭신폭신 달콤한 과자

기본 가나슈
만들기

동량의 초콜릿과 생크림을 섞어 만든 가나슈는 텍스처가
부드러워 제품에 채우거나 바르기에 적당하다.
초콜릿의 양이 생크림보다 많으면 트뤼프나 봉봉
만들기에 알맞은 가나슈가 된다.
이러한 테크닉을 바탕으로 선택한 레시피의 재료에 따라
응용이 가능하다(p.72 참고).

① 초콜릿 300g을 잘게 다져서 커다란 믹싱 볼에 넣는다.

② 냄비에 생크림 300ml를 넣고 끓인 다음 다진 초콜릿
위에 붓는다.

③ 식을 때까지 저어서 농도가 고르고 광택이 나게
한다. 펴 바르기 적당한 텍스처가 될 때까지 실온에서
휴지시킨다.

머랭 또는
반죽 시트
만들기

머랭, 비스퀴 반죽, 다쿠아즈 반죽 등 선택한 레시피에
따라 준비한다(p.42, 52 또는 p.74 참고)

① 유산지에 원형 무스 틀을 올려 놓고 둘레를 따라 연필로
원을 그린다.

② 유산지를 뒤집어 철판에 깔아 놓는다. 짜주머니에
모양깍지를 끼우고 내용물이 새지 않도록 모양깍지
안으로 짜주머니 끝부분을 밀어 넣는다.

짜주머니 윗부분은 밖으로 꺾어 접은 뒤 스패튤러로
반죽을 채운다.

③ 짜주머니 윗 부분을 돌려서 공기를 빼고 반죽이
모양깍지로 나오게 한다. 미리 그려놓은 원의 중심부터
시작하여 나선형으로 짠다. 선택한 레시피에 따라 굽는다.

롤 케이크 만들기

선택한 레시피에 필요한 비스퀴와 생크림을 준비한다.
(p.24 또는 p.82 참고)

① 미리 구워놓은 비스퀴를 뒤집어서 유산지(또는 깨끗한
면보)에 올려 놓는다. 비스퀴는 철판에 닿지 않았던 면이
위로 오게 놓는다.

② 비스퀴 가장자리에 여분을 남겨두고 스패튤러로
크림을 펴 바른다.

③ 유산지(또는 깨끗한 면보)를 들어 올리면서 비스퀴를
돌돌 만 다음 유산지를 뗀다. 이음매가 밑으로 가도록
하고 칼로 양끝을 잘라내어 반듯하게 정리한다.

가토 글라세 하기

가토를 굽는다. 선택한 레시피에 따라 글라사주를
준비하고(p.30 또는 p.38 참고) 미지근한 온도로
보관한다.

① 큰 볼 위에 가토를 얹은 식힘망을 올려놓는다.

② 가토 전체에 미지근한 글라사주를
단번에 부어 옆면으로 흘러 내리도록 둔다.

③ 스패튤러로 글라사주를 밀어 고르게 펼친 후 30분간
냉장한다.

보뇌르 드 쇼콜라 (행복을 주는 초콜릿)
Bonheur de chocolat

6인분
난이도 ★
준비 시간 30분
굽는 시간 25분

버터 65g
설탕 190g
달걀 2개
체에 친 밀가루(박력분) 125g
체에 친 카카오 파우더(무가당) 25g
바닐라 에센스 1작은술

오븐은 180℃로 예열한다. 지름 20cm의 제누아즈 틀에 버터를 바른다.

냄비에 버터를 넣고 약한 불에서 녹인다.

설탕과 달걀을 중탕으로 너무 뜨겁지 않도록 5~8분 동안 저어 가면서 데운다. 중탕에서 볼을 내려 거품기로 색이 연해지며 거품이 날 때까지 재빨리 섞는다. 체에 친 밀가루와 카카오 파우더를 스패튤러로 조금씩 섞은 다음 녹인 버터와 바닐라 에센스를 넣는다.

틀의 ¾까지 반죽을 채운 후 오븐에서 25분간 굽는다. 보뇌르 드 쇼콜라를 옮겨 틀에서 뺀 다음 식힘망에 옮겨 식힌다.

셰프의 팁 : 반죽을 채우기 전 틀 옆면과 바닥에 아몬드 슬라이스를 깔거나 구운 후에 슈거파우더를 뿌려도 좋다. 이 디저트는 붉은 과일 쿨리(소스)와 곁들여 먹으면 더욱 맛있다.

초콜릿 크리스마스 뷔슈
Bûche de Noël au chocolat

10~12인분
난이도 ★ ★ ★
준비 시간 1시간 30분
굽는 시간 8분
냉장 시간 1시간

비스퀴
아몬드 페이스트 150g
슈거파우더 60g
달걀노른자 3개
달걀흰자 2개
설탕 60g
체에 친 밀가루 100g
녹인 버터 50g

초콜릿 가나슈
다크 초콜릿 200g
생크림 250ml
실온 버터 75g
럼 50ml

럼 시럽
물 120ml
설탕 100g
커피 에센스 1작은술
럼 40ml

커피 버터크림
달걀 1개 + 달걀노른자 2개
설탕 160g
물 80ml
실온 버터 250g
커피 에센스(취향에 따라 계량)

롤 케이크 만들기 p.20 참고

오븐은 180℃로 예열한다. 30×38cm 크기의 오븐 팬에 유산지를 깔아둔다.

비스퀴 : 볼에 아몬드 페이스트와 슈거파우더를 넣고 거품기로 골고루 섞은 후 달걀노른자를 한 개씩 넣고 섞는다. 달걀흰자는 가볍게 거품을 낸 후 분량의 설탕 ⅓을 넣어 매끈하고 광택이 날 때까지 계속 거품을 올린다. 여기에 나머지 설탕을 모두 넣고 다시 휘핑하여 단단한 상태의 머랭을 완성한다. 미리 섞어 놓은 아몬드 페이스트와 슈거파우더에 머랭 ⅓과 분량의 체 친 밀가루 중 50g을 먼저 넣어 섞은 후 다시 머랭 ⅓과 남은 밀가루를 섞는다. 마지막으로 남은 머랭 ⅓과 녹인 버터를 섞어 반죽을 완성한다. 이것을 미리 준비해 놓은 오븐 팬에 5mm 두께로 반죽을 고르게 펴서 8분 정도 구우면 만졌을 때 부드러운 상태의 비스퀴가 된다. 식힘망에 올려 식히고 유산지는 떼어낸다.

초콜릿 가나슈 : 초콜릿을 잘게 다져서 볼에 담는다. 여기에 한 번 끓인 생크림을 부어 골고루 섞은 후 버터와 럼을 넣어 마무리한다. 완성된 가나슈는 휴지시켜 쉽게 펴 바를 수 있는 상태로 만든다.

럼 시럽 : 물과 설탕을 끓여 식힌 후 커피 에센스와 럼을 섞는다.

커피 버터크림 : 냄비에 설탕과 물을 넣고 쿠킹 온도계로 120℃가 될 때까지 끓인다. 그동안 달걀과 달걀노른자를 볼에 담아 색이 연해질 때까지 거품기로 섞는다. 여기에 끓인 설탕물을 조금씩 부으며 식을 때까지 계속 휘핑하고 버터와 커피 에센스를 섞어 크림을 완성한다.

비스퀴에 럼 시럽을 적신 다음 커피 버터크림을 펴 바른 뒤 유산지를 들어올리면서 돌돌 만다. 모양이 제대로 잡히면 유산지는 제거한다. 이음매를 바닥에 닿게 놓고 표면에 커피 버터크림을 발라 1시간 냉장한다. 서브하기 전에 초콜릿 가나슈를 펴 바르면 뷔슈가 완성된다.

과일 크리스마스 뷔슈
Bûche de Noël aux fruits

10~12인분
난이도 ★ ★
준비 시간 1시간 30분
굽는 시간 8분
냉장 시간 1시간

초콜릿 비스퀴 퀴이예르
달걀노른자 3개
설탕 75g
달걀흰자 3개
체에 친 밀가루 70g
체에 친 카카오 파우더(무가당) 15g

초콜릿 크림
다크 초콜릿 40g
판젤라틴 1장
우유 150ml
달걀노른자 2개
설탕 50g
옥수수 전분 20g
생크림 200ml

초콜릿 시럽
물 100ml
설탕 100g
카카오 파우더(무가당) 10g

조각 낸 딸기 200g
조각 낸 배 1개
산딸기 100g
블랙베리 100g
조각 낸 키위 1개

데커레이션
키위, 배, 딸기
산딸기, 블랙베리
슈거파우더

오븐은 200℃로 예열한다. 30×38cm 크기의 오븐 팬에 유산지를 깔아둔다.

초콜릿 비스퀴 퀴이예르 : 볼에 달걀노른자와 설탕 절반을 넣어 색이 연해지고 거품이 나게 섞는다. 다른 볼에 달걀흰자와 남은 설탕을 넣어 단단히 거품을 올려 머랭을 만들고 미리 섞어놓은 달걀노른자와 설탕에 넣는다. 체 친 밀가루와 카카오 파우더를 첨가한다. 오븐 팬에 반죽을 붓고 스패튤러로 고르게 펴서 8분간 오븐에 굽는다. 식힘망에 올려 식히고 유산지는 떼어낸다.

초콜릿 크림 : 초콜릿은 다지고, 젤라틴은 찬물에 불려 놓는다. 냄비에 우유를 끓인 후 불에서 내려놓는다. 달걀노른자에 설탕을 넣어 색이 연해질 때까지 섞은 뒤 옥수수 전분을 넣고 뜨거운 우유 절반(75ml)을 부어 잘 섞고 남은 우유도 마저 넣어 섞는다. 냄비에 혼합한 크림을 다시 붓고 농도가 걸쭉해질 때까지 천천히 저으면서 끓인다. 1분 동안 저으면서 더 끓인 후 불에서 내려 물기를 뺀 젤라틴을 첨가한다. 이를 다진 초콜릿에 붓고 랩으로 씌워 가끔씩 저어 가면서 식힌다. 생크림은 거품을 낸다. 초콜릿 크림이 미지근해지면 휘핑한 생크림과 섞는다.

초콜릿 시럽 : 물, 설탕, 카카오 파우더를 섞어 끓인 후 식힌다.

초콜릿 크림에 과일을 조심스럽게 섞는다. 길이 35cm 뷔슈 틀에 유산지를 깔고, 비스퀴 퀴이예르를 13×35cm와 5×35cm 크기로 자른다. 13×35cm 크기의 비스퀴를 먼저 틀에 넣어 초콜릿 시럽을 적시고 만들어 놓은 초콜릿 크림과 과일로 덮는다. 5×35cm 사이즈 비스퀴에 시럽을 적셔서 윗부분을 덮고 1시간 동안 냉장고에 넣었다가 틀에서 꺼내 생과일과 슈거파우더로 장식한다.

견과류 초콜릿 케이크
Cake au chocolat aux fruits secs

12인분
난이도 ★
준비 시간 25분
굽는 시간 50분
식히는 시간 15분

말린 살구 150g
말린 배 50g
껍질 벗겨 구운 헤이즐넛 50g
피스타치오 25g
당 절임한 과일 100g
실온 버터 250g
슈거파우더 250g
달걀 5개
체에 친 밀가루 300g
체에 친 카카오 파우더(무가당) 30g
체에 친 베이킹파우더 2작은술(11g)

오븐은 180℃로 예열한다. 25×10cm의 케이크 틀에 버터를 바른다.

말린 살구와 말린 배를 작은 조각으로 자른 다음 헤이즐넛, 피스타치오, 당 절임한 과일을 섞어 준비해 둔다.

볼에 실온 버터를 넣고 부드럽게 만든다. 슈거파우더를 넣고 색이 연해질 때까지 섞는다. 달걀을 하나씩 넣어 섞은 후 체에 친 밀가루, 카카오 파우더와 베이킹파우더를 넣어 골고루 섞는다. 마지막에 견과류와 말린 과일, 당 절임한 과일을 조금씩 넣어가며 섞는다.

준비한 반죽을 틀에 넣고 오븐에서 50분간 구운 다음 꺼내 약 15분 동안 틀에서 식힌다. 케이크를 식힘망에 올리고 틀에서 빼낸다.

셰프의 팁 : 이 케이크는 랩으로 잘 싸서 포장하면 냉동실에 3~4주간, 냉장실에서는 3~4일간 보관할 수 있다. 취향에 따라, 견과류나 당 절임한 과일을 넣지 않고 아주 간단한 케이크로 만들 수도 있다.

초콜릿과 산딸기 까레
Carré chocolat-framboise

8~10인분
난이도 ★ ★
준비 시간 1시간
굽는 시간 15분
냉장 시간 15분

자허 비스퀴
초콜릿 75g
카카오 매스 50g
실온 버터 125g
달걀노른자 3개
설탕 100g
달걀흰자 4개
체에 친 옥수수 전분 50g
체에 친 베이킹파우더 ½작은술(2.5g)

초콜릿 무스
다크 초콜릿
(카카오 함량 55%) 170g
카카오 매스 35g
생크림 350ml
달걀노른자 5개
설탕 85g

적시기 시럽
물 50ml
설탕 50g
산딸기 즙 100ml
산딸기 브랜디 40ml

산딸기 글라사주
산딸기 65g
꿀 1~2작은술
설탕 60g
펙틴 4g

오븐은 180℃로 예열하고 30×38cm 크기의 오븐 팬에 유산지를 깔아둔다.

자허 비스퀴 : 초콜릿과 카카오 매스를 중탕으로 녹인다. 볼을 중탕에서 내려 실온 버터를 첨가한 다음 달걀노른자와 설탕 절반을 넣는다. 남은 설탕은 달걀흰자에 넣고 거품을 올린 다음 녹인 초콜릿과 카카오 매스 혼합물에 넣는다. 체에 친 옥수수 전분과 베이킹파우더를 넣고 잘 섞는다. 오븐 팬에 부어 평평하게 한 다음 15분 동안 굽는다. 식힌 후 유산지를 떼어낸다.

초콜릿 무스 : 초콜릿과 카카오 매스를 중탕으로 녹인 다음 볼을 꺼내 미지근할 정도로 식힌다. 생크림을 가볍게 휘핑한 후 냉장고에 넣는다. 달걀노른자와 설탕을 섞고, 스패튤러로 초콜릿과 카카오 매스를 조금씩 넣고 휘핑한 생크림을 첨가한다.

적시기 시럽 : 냄비에 물, 설탕, 산딸기 즙을 넣고 끓인다. 볼에 옮겨 식힌 후 산딸기 브랜디를 첨가한다.

산딸기 글라사주 : 냄비에 산딸기, 꿀, 설탕 절반을 넣고 끓인다. 남은 설탕과 펙틴을 넣고 끓여 식힌다.

자허 비스퀴를 가로, 세로 길이가 같게 정사각형으로 자른 다음 수평으로 2등분한다. 한 장의 비스퀴에 시럽을 적시고 초콜릿 무스를 펴 바른 후 나머지 비스퀴를 올리고 시럽을 적신다. 스패튤러로 비스퀴 위에 산딸기 글라사주를 바른 다음 냉장고에 15분간 둔다. 칼을 뜨거운 물에 담갔다 꺼내 가토의 옆면을 똑같이 자른다.

셰프의 팁 : 블랙베리와 같은 붉은 과일을 글라사주 용으로 사용할 수 있다. 만일 카카오 매스를 구하지 못하면 카카오 함량 72%인 맛이 강한 초콜릿을 사용할 수 있다. 또한 펙틴이 없을 경우 판 젤라틴 2장으로 대체할 수 있다.

까레 드 젠느
Carré de Gênes

4~6인분
난이도 ★
준비 시간 20분
굽는 시간 25분

아몬드 슬라이스 적당량
버터 60g
달걀 4개
아몬드 페이스트(아몬드 33%) 200g
체에 친 밀가루 20g
체에 친 카카오 파우더(무가당) 10g
체에 친 베이킹파우더 ½작은술(2.5g)

오븐은 160℃로 예열한다. 18×18cm 크기의 정사각형 틀에 버터를 바르고 아몬드 슬라이스를 뿌린다.

냄비에 버터를 녹여둔다.

아몬드 페이스트에 달걀을 조금씩 넣어 약 5분 동안 색이 옅어지고 리본 같은 텍스처로 걸쭉해질 때까지 섞는다. 거품기로 들어 올렸을 때 리본같이 포개지면서 끊기지 않고 흘러야 한다. 체에 친 밀가루, 카카오 파우더, 베이킹파우더와 녹인 버터를 넣는다.

틀에 반죽을 ¾ 정도 채우고 25분 동안 오븐에서 굽는다. 까레 드 젠느를 틀에서 꺼내어 식힘망에 옮겨 식힌다.

초콜릿 하트
Cœur au chocolat

8~10인분
난이도 ★ ★
준비 시간 1시간 30분
굽는 시간 40분
냉장 시간 50분

초콜릿 가토
버터 140g
다크 초콜릿 225g
달걀노른자 4개분
설탕 150g
달걀흰자 4개분
체에 친 밀가루 50g

가나슈
다크 초콜릿 250g
생크림 250ml

데커레이션
붉은 과일(딸기, 블루베리 등)

가토 글라세 하기 p.21 참고

오븐은 180℃로 예열한다. 하트모양 틀(또는 지름 24cm 원형 틀)에 버터를 바르고 밀가루를 입힌다.

초콜릿 가토 : 버터와 다진 초콜릿을 중탕해서 녹인다. 달걀노른자와 설탕 절반을 거품기로 섞어서 농도가 진하고 단단하며 볼륨이 두 배가 되게 한다. 다른 볼에 달걀흰자와 나머지 설탕 절반을 조금씩 넣어 가면서 단단하게 거품을 내어 머랭을 만든다. 미리 섞어 놓은 달걀노른자와 설탕에 체 친 밀가루를 넣은 다음, 중탕해서 녹인 초콜릿을 첨가한다. 여기에 머랭을 3회에 나누어 거품이 꺼지지 않도록 조심스럽게 섞는다. 5분 동안 휴지시킨 후 틀에 붓고 40분간 오븐에서 굽는다. 가토를 식힌 후 틀에서 빼내고 약 20분간 냉장고에 둔다.

가나슈 : 초콜릿을 다져서 볼에 넣는다. 생크림을 끓여서 초콜릿 위에 부어 잘 섞는다. 가나슈를 약 10분 동안 휴지시켜 펴 바를 수 있도록 한다.

가토가 식어서 충분히 단단해지면 표면이 고르게 윗부분을 잘라낸다. 가나슈를 가토 전체에 펴 바르고 30분 동안 냉장하여 표면을 굳힌 다음 붉은 과일을 올려 장식한다.

셰프의 팁 : 이 가토는 냉장고에서 2~3일 동안 보관할 수 있다. 또한 크렘 앙글레즈나 휘핑한 크림을 곁들일 수 있다.

향신료를 넣은 배와 와인소스를 곁들인 다쿠아즈
Dacquoise aux poires épicées et sauce chocolat au vin

6인분
난이도 ★ ★
준비 시간 1시간 30분
굽는 시간 약 35분

다쿠아즈
달걀흰자 4개
설탕 50g
체에 친 아몬드 파우더 70g
체에 친 슈거파우더 75g
체에 친 밀가루 30g

가나슈
비터 초콜릿 90g
(카카오 함량 55~70%)
생크림 100ml
잡화꿀 15g
실온 버터 35g

향신료를 넣은 배
배 6개
레몬 ½개
버터 30g
잡화꿀 40g
계피가루
정향
넛맥가루
후추

와인 초콜릿 소스
초콜릿 100g
레드 와인 ½병
스타 아니스(팔각) 3개
물 20ml
설탕 30g

오븐은 170℃로 예열한다. 오븐 팬에 유산지를 깔아둔다.

다쿠아즈 : 달걀흰자에 설탕을 넣고 거품을 올린 후 체에 친 아몬드 파우더, 슈거파우더, 밀가루를 섞는다. 중간 크기의 원형 깍지를 끼운 짜주머니에 반죽을 채운다. 지름 8cm의 원형 틀 6개에 새 둥지 모양이 되도록 가장자리를 빙 둘러 두껍게 시트 6개를 오븐 팬에 짜놓는다. 약 20분간 구운 후 식힘망에 올려 식히고 유산지를 떼어낸다.

가나슈 : 비터 초콜릿을 다져서 볼에 넣는다. 생크림을 꿀과 함께 끓인 후, 다진 초콜릿에 붓는다. 잘 섞은 다음 버터를 첨가한다. 다쿠아즈 시트마다 가운데부터 가나슈를 부어 표면을 고르게 한 다음 굳힌다.

향신료를 넣은 배 : 배는 껍질을 벗기고 2등분한다. 속은 비우고 꼭지는 그대로 둔다. 레몬 ½개로 문질러서 색깔이 변하지 않게 한다. 팬에 버터, 꿀, 향신료를 넣고 끓인 후 배를 넣는다. 배가 반쯤 익었을 때 뒤집어가면서 15분 동안 익힌다.

와인 초콜릿 소스 : 초콜릿을 다진다. 냄비에 와인과 스타 아니스를 넣고 중간 불로 끓여 반쯤 졸여준다. 졸인 와인에 다진 초콜릿, 물, 설탕을 넣고 다시 끓인다. 초콜릿이 완전히 녹을 때까지 끓이고 고운 체에 거른 후 식힌다.

접시 6개를 따뜻하게 준비한다. 접시마다 다쿠아즈 한 개와 따뜻한 배 2조각을 올린 다음 그 주위에 와인 초콜릿 소스를 붓는다.

초콜릿 델리스
Délice au chocolat

8인분
난이도 ★
준비 시간 1시간
굽는 시간 20분
냉장 시간 1시간

가토
달걀노른자 6개
설탕 130g
달걀흰자 4개
체에 친 밀가루 60g
체에 친 카카오 파우더
(무가당) 30g
헤이즐넛(또는 아몬드) 파우더 50g
버터 60g

글라사주
다크 초콜릿 100g
생크림 100ml
잡화꿀 20g

오븐은 180℃로 예열한다. 18×18cm 크기의 정사각형 틀에 버터를 바르고 밀가루를 입힌다.

가토 : 달걀노른자와 설탕 100g을 색이 연해지도록 섞는다. 달걀흰자에 남은 설탕 30g을 넣고 휘핑해 단단하게 머랭을 만든 후 미리 섞어 놓은 달걀노른자와 설탕에 섞는다. 볼에 밀가루와 카카오 파우더, 헤이즐넛 파우더를 섞은 다음 3회에 나눠 달걀 혼합물에 섞은 후 녹인 버터를 넣는다. 반죽을 틀에 붓고 오븐에서 20분간 가토 가운데를 칼로 찔러보아 반죽이 묻어 나오지 않을 때까지 굽는다. 식힌 후 틀에서 뺀다.

글라사주 : 초콜릿을 곱게 다져서 볼에 넣는다. 냄비에 생크림과 꿀을 넣어 끓인 다음 초콜릿에 부어 잘 섞고 미지근하게 식힌다. 가토 윗면에 글라사주를 부어 스패튤러로 펼친다. 적어도 1시간 동안 냉장고에 넣어서 글라사주를 굳힌다.

셰프의 팁 : 초콜릿 델리스에 오렌지 셔벗을 곁들이면 더욱 맛있다.

초콜릿과 호두 델리스
Délice au chocolat et aux noix

8~10인분

난이도 ★ ★

준비 시간 1시간 15분

굽는 시간 약 40분

식히는 시간 2시간

냉장 시간 1시간

호두 델리스

다크 초콜릿 190g

실온 버터 125g

흑설탕 125g

달걀노른자 2개

다진 호두 90g

아몬드 가루 40g

달걀흰자 2개

설탕 40g

글라사주

다크 초콜릿 100g

생크림 100ml

꿀 20g

데커레이션

화이트 초콜릿 50g

호두

가토 글라세 하기 p.21 참고

오븐은 160℃로 예열한다. 지름 20cm의 제누아즈 틀에 버터를 바른다.

호두 델리스 : 다크 초콜릿을 곱게 다진다. 볼에 버터를 넣어 포마드 상태로 만든다. 여기에 흑설탕을 넣어 크림화하고 달걀노른자, 다진 초콜릿, 다진 호두, 아몬드 가루를 넣는다. 달걀흰자는 살짝 거품을 올린 다음 설탕 ⅓을 첨가해서 매끈하고 광택이 나게 한다. 남은 설탕을 조심스럽게 넣어 단단하게 거품을 올려 머랭을 만든 후 미리 섞어놓은 초콜릿과 호두 등에 넣는다. 반죽을 틀에 붓고 오븐에서 약 40분간 굽는다. 식힘망에 올려 2시간 정도 식힌 후 틀에서 꺼낸다.

글라사주 : 초콜릿을 곱게 다져 볼에 넣는다. 냄비에 생크림과 꿀을 넣고 끓인 다음 초콜릿에 붓고 잘 섞는다. 스패튤러로 가토 위에 글라사주를 바른다. 초콜릿이 굳도록 1시간 동안 냉장고에 넣는다.

중탕으로 화이트 초콜릿을 녹인다. 작은 유산지 코르네(유산지를 고깔모양으로 접은 것)에 붓는다. 기하학적인 모양으로 장식하고 그 위에 호두를 뿌린다.

셰프의 팁 : 초콜릿과 호두 델리스는 랩으로 잘 포장하여 냉동실에서 3~4주, 냉장실에서는 3~4일 동안 보관할 수 있다.

가을 낙엽
Feuille d'automne

6인분
난이도 ★ ★ ★
준비 시간 1시간 30분
굽는 시간 1시간
냉장 시간 1시간

아몬드 머랭
달걀흰자 4개
설탕 120g
아몬드 파우더 120g

초콜릿 무스
다크 초콜릿 250g
(카카오 함량 55%)
달걀흰자 4개
설탕 150g
생크림 80ml

데커레이션
다크 초콜릿 250g
카카오 파우더(무가당) 40g
(또는 슈거파우더 40g)

머랭과 반죽 시트 만들기
p.19 참고

오븐은 100℃로 예열한다. 오븐 팬 2장에 유산지를 깐다.

아몬드 머랭 : 달걀흰자에 설탕을 넣어 단단하게 거품을 올려 머랭을 만든 다음 아몬드 파우더를 조금씩 넣으면서 조심스럽게 섞는다. 원형 깍지를 끼운 짜주머니에 반죽을 채워 유산지 위에 가운데부터 나선형으로 지름 20cm 크기의 원형시트 3개를 만든다. 오븐에 1시간 구워 식힌 후 유산지를 떼어낸다.

초콜릿 무스 : 다진 초콜릿을 중탕으로 녹인다. 달걀흰자에 설탕을 넣고 저어 단단하게 머랭을 올리고 생크림은 살짝 휘핑한다. 초콜릿이 녹으면 중탕에서 내려놓고 미지근하게 식혀 머랭을 섞은 후 휘핑한 생크림을 섞는다.

오븐 팬 2장을 50℃의 오븐에 넣는다. 장식을 위한 초콜릿을 중탕으로 녹인다.

접시에 첫 번째 머랭 시트를 올려 놓고 초콜릿 무스를 얇게 바른다. 그 위에 두 번째 시트를 놓고 무스를 바른다. 이 작업을 반복한다. 이때 장식용 무스를 조금 남겨 놓는다. 마지막 머랭 시트를 얹어 마무리한다. 30분 동안 냉장한다.

그런 다음 오븐 팬 2장을 꺼내어 녹여둔 초콜릿을 얇게 펴 바른다. 냉장고 아래 칸에 넣어 10분 동안 차갑게 식힌다. 남은 무스로 가토를 고르게 덮은 다음 다시 냉장고에 20분간 넣어 둔다. 초콜릿이 굳기 시작하면 냉장고에 넣어 둔 오븐 팬을 꺼내 실온에 둔 다음 삼각 스패튤러로 긁어서 주름을 잡는다. 이렇게 만든 초콜릿 '잎사귀'를 모아서 일부는 가토 둘레를 두르고 남은 '잎사귀'는 가토 윗부분에 올려 장식한다. 카카오 파우더(또는 슈거파우더)를 뿌린다.

초콜릿 프레지에
Fraisier au chocolat

6~8인분
난이도 ★ ★ ★
준비 시간 2시간
굽는 시간 약 25분
냉장 시간 1시간 20분

제누아즈
달걀 4개
설탕 125g
체에 친 밀가루 125g

적시기 시럽
물 150ml
설탕 150g
키르슈 1½큰술

초콜릿 무슬린 크림
밀크 초콜릿 160g
설탕 75g
달걀노른자 3개
옥수수 전분 30g
우유 400ml
실온 버터 200g

반으로 자른 딸기 500g

데커레이션
슈거파우더 약간
아몬드 페이스트 200g
(사용 전 최소 1시간 냉장고에
보관한다)

반으로 자른 딸기 약간(선택)
녹인 다크 초콜릿(선택)

오븐은 180℃로 예열한다. 지름 20cm의 제누아즈 틀에 버터를 바른다.

제누아즈 : 달걀과 설탕을 섞어 중탕한다. 중탕에서 내려 거품기로 색이 연해질 때까지 휘핑한다. 체에 친 밀가루를 2~3회에 나누어 섞은 다음 제누아즈 틀의 ⅔까지 채운다. 가토를 만져보아 단단해질 때까지 오븐에 약 25분간 구워 틀에서 빼내고 식힘망에 옮겨 식힌다.

적시기 시럽 : 냄비에 물과 설탕을 끓여 식힌 다음 키르슈를 넣는다.

초콜릿 무슬린 크림 : 초콜릿을 다져서 볼에 넣는다. 다른 볼에 달걀 노른자, 설탕 ⅔, 옥수수 전분을 섞는다. 냄비에 우유와 남은 설탕 ⅓을 끓인 다음 섞어 놓은 달걀노른자, 설탕, 옥수수 전분에 붓는다. 이것을 모두 냄비에 다시 붓고 끓을 때까지 계속 저어가면서 가열한다. 이것을 다진 초콜릿에 부어 완전히 녹을 때까지 잘 섞은 다음 랩으로 씌워 식힌다. 초콜릿 크림이 식는 동안 실온 버터를 스패튤러를 이용해 포마드 상태로 만든다. 초콜릿 크림이 차가워지면 버터를 넣고 거품기로 섞은 후 20분간 냉장고에 둔다.

지름 22cm의 원형 무스 틀에, 반으로 자른 딸기를 무스 틀 면에 딸기의 자른 면이 닿도록 돌려가며 붙인다. 제누아즈는 2등분하여 무스 틀에 1개를 넣고 시럽에 적신 다음 초콜릿 무슬린 크림을 약간 바른다. 남은 딸기를 얹고 두번째 제누아즈를 올린 다음 시럽을 적시고 남은 초콜릿 무슬린 크림을 덮어 마무리 한다. 냉장고에 1시간 정도 두어 굳혔다가 틀을 뺀다.

작업대에 슈거파우더를 뿌리고 아몬드 페이스트를 2~3mm두께로 민다. 제과용 서클 틀을 사용해서 얇게 민 아몬드 페이스트를 동그랗게 잘라서 가토 위에 올려 놓는다. 딸기와 녹인 다크 초콜릿으로 장식하거나 남겨 놓은 초콜릿 무슬린 크림을 짜주머니에 넣어 로자스(꽃)모양으로 장식한다.

초콜릿과 아몬드 가토
Gâteau au chocolat et aux amandes

8인분
난이도 ★
준비 시간 30분
굽는 시간 40분
식히는 시간 30분

초콜릿과 아몬드 가토
다크 초콜릿 150g
실온 버터 170g
흑설탕 또는 황설탕 115g
달걀 3개
아몬드 파우더 175g
설탕 35g

샹티이 크림
생크림 250ml
바닐라 에센스 약간(3g)
슈거파우더 25g

데커레이션
아몬드 슬라이스 2큰술(40g)

오븐은 150℃로 예열한다. 지름 22cm의 쿠겔로프 틀에 버터를 바른다.

초콜릿과 아몬드 가토 : 다크 초콜릿은 다진 후 중탕으로 녹인다. 버터와 흑설탕을 섞어서 크림화한다. 달걀노른자와 흰자를 분리하고 크림화한 버터에 노른자를 한 개씩 넣으면서 잘 섞은 다음, 아몬드 파우더, 녹인 초콜릿을 혼합한다. 다른 볼에 흰자 거품을 단단히 올리고 설탕을 넣어 다시 거품을 올려 머랭을 만든다. 머랭 ⅓을 미리 준비한 초콜릿 혼합물에 넣은 다음 남은 머랭을 넣는다. 반죽을 모두 틀에 붓고 오븐에서 40분 동안 굽는다. 이때 가토 가운데를 칼끝으로 찔러보아 반죽이 묻어 나지 않을 때까지 굽는다. 완전히 식힌 후 틀에서 빼낸다.

샹티이 크림 : 바닐라 에센스를 생크림에 넣고 거품기로 휘핑한다. 생크림의 농도가 진해질 때 슈거파우더를 넣고 계속해서 거품을 올려 단단하게 한다. 가토 가운데를 샹티이 크림으로 채우고 아몬드 슬라이스를 뿌린다.

셰프의 팁 : 샹티이 크림을 쉽게 만들려면, 볼은 오목한 것을 사용하고 생크림은 미리 15분 동안 냉장고에 넣어 차게 해둔다. 흑설탕이 없을 경우 황설탕을 사용해도 된다.

비터 초콜릿 가토
Gâteau au chocolat amer

8인분
난이도 ★
준비 시간 35분
굽는 시간 45분
식히는 시간 30분

실온 버터 125g
설탕 200g
달걀 4개
체에 친 밀가루 150g
체에 친 카카오 파우더(무가당) 40g

가나슈
비터 초콜릿 200g
(카카오 함량 55~70%)
생크림 200ml

데커레이션
베르미셀 초콜릿 150g

기본 가나슈 만들기 p.18 참고

오븐은 180℃로 예열한다. 지름 20cm의 제누아즈 틀에 버터를 바른다.

버터를 실온에 두어 포마드 상태로 만든 다음 설탕을 넣고 섞어 크림화한다. 달걀을 하나씩 넣고 공기가 많이 들어가지 않도록 적당히 섞는다. 체에 친 밀가루와 카카오 파우더를 조심스럽게 넣는다. 틀에 반죽을 부어 45분간 굽는다. 가토 가운데를 칼 끝으로 찔러 보아 반죽이 묻어 나오지 않을 때까지 구운 후 식힘망에 옮겨 틀을 빼고 식힌다.

가나슈 : 초콜릿을 다져서 볼에 넣는다. 냄비에 생크림을 끓여서 다진 초콜릿에 붓고, 스패튤러로 조심스럽게 섞는다.

가토를 수평으로 2등분한다. 첫 번째 가토를 접시에 올려 놓고 스패튤러로 가나슈를 1.5cm 두께로 펴 바른 후 두 번째 가토를 덮어 30분간 냉장한다.

나머지 가나슈로 가토를 완전히 덮고 옆면 둘레를 베르미셀 초콜릿으로 장식한다. 뜨거운 물에 담갔다가 꺼낸 빵칼을 이용해 가토 표면에 물결 무늬를 낸다.

셰프의 팁 : 만일 가토가 폭신하지 않으면 취향에 맞는 시럽에 적신다. 또한 샹티이 크림으로 로자스 장식을 할 수도 있다.

초콜릿과 체리 가토
Gâteau au chocolat et aux cerises

8인분
난이도 ★ ★
준비 시간 2시간
굽는 시간 약 30분
냉장 시간 1시간 30분

초콜릿 제누아즈
버터 20g
달걀 4개
설탕 125g
체에 친 밀가루 90g
체에 친 카카오 파우더(무가당) 30g

적시기 시럽
물 100ml
설탕 80g

초콜릿 무스
다크 초콜릿 200g
생크림 400ml
체리(통조림) 25개

오븐은 180℃로 예열하고, 지름 20cm의 제누아즈 틀에 버터를 바른다.

초콜릿 제누아즈 : 냄비에 버터를 녹인다. 볼에 달걀과 설탕을 넣고 중탕으로 5~8분 동안 데워 색이 연해지고 걸쭉하게 리본 텍스처가 되도록 거품기로 친다. : 거품기로 들어 올렸을 때 리본모양으로 포개지면서 끊기지 않고 흐르는 상태. 중탕에서 내려서 거품기로 힘있게 저어 식힌 다음 체에 친 밀가루와 카카오 파우더를 2~3회에 걸쳐 나눠 넣는다. 미지근한 버터를 첨가하고 재빨리 섞는다. 틀에 반죽을 붓고 25분 동안 오븐에서 굽는다. 제누아즈는 만져보았을 때 폭신한 느낌이 있어야 한다. 가토 가운데를 칼끝으로 찔러 보아 반죽이 묻어 나오지 않으면 잘 구워진 것이다. 식힘망에 옮겨 식힌 후 틀에서 뺀다.

적시기 시럽 : 물과 설탕을 끓인 다음 식힌다.

초콜릿 무스 : 중탕으로 초콜릿을 녹인다. 생크림은 단단하게 거품을 올린다. 녹인 초콜릿에 단단하게 휘핑한 생크림 ⅔를 재빨리 섞고 나머지 휘핑한 크림도 마저 넣어 섞는다. 무스를 랩으로 씌워서 30분간 냉장고에 넣는다.

제누아즈를 수평으로 2등분한다. 첫 번째 제누아즈를 접시에 놓고 붓으로 시럽을 적신 다음, 초콜릿 무스를 두껍게 펴 바른다. 무스 위에 체리를 골고루 올리고 두 번째 제누아즈를 시럽에 적셔 얹는다. 냉장고에 1시간 동안 둔다. 나머지 초콜릿 무스와 체리로 장식한다.

셰프의 팁 : 장식은 짜주머니에 별모양 깍지를 끼운 다음 초콜릿 무스를 채워 케이크 윗면에 모양 내어 짠다.

초콜릿과 산딸기 가토
Gâteau au chocolat et à la framboise

8~10인분
난이도 ★ ★
준비 시간 2시간 30분
굽는 시간 8분
냉장 시간 1시간 10분

초콜릿 비스퀴 퀴이예르
달걀 4개
설탕 125g
체에 친 밀가루 90g
체에 친 카카오 파우더(무가당) 30g

적시기 시럽
물 100ml
설탕 50g
산딸기 리큐르 50ml

초콜릿 무스
다크 초콜릿 250g
(카카오 함량 55%)
생크림 500ml

글라사주
다크 초콜릿 140g
생크림 200ml
잡화꿀 25g

가르니튀르와 데커레이션
신선한 산딸기 350g

가토 글라세 하기 p. 21 참고

오븐은 180℃로 예열한다. 오븐의 크기에 따라 오븐 팬 1장 또는 2장에 유산지를 올려 놓는다. 그 위에 지름 20cm 크기의 원 3개를 그린다.

초콜릿 비스퀴 퀴이예르 : 달걀은 노른자와 흰자를 분리한다. 볼에 달걀노른자와 설탕 절반을 넣어 색이 연해지고 거품이 나도록 섞는다. 다른 볼에 달걀흰자와 남은 설탕 절반을 넣고 단단하게 머랭을 올린 후, 섞어 놓은 달걀노른자와 설탕에 넣는다. 체에 친 밀가루와 카카오 파우더를 첨가한다. 짜주머니에 원형 깍지를 끼운 다음 비스퀴 반죽을 채운다. 미리 그려 놓은 3개의 원에 비스퀴 반죽을 중심부터 나선형으로 짠다. 오븐에서 8분 동안 구운 후 식으면 유산지를 떼어낸다. 사용하기 전까지 비스퀴 시트를 휴지시킨다.

적시기 시럽 : 냄비에 물과 설탕을 끓여서 볼에 부어 식힌 후 산딸기 리큐르를 넣는다.

초콜릿 무스 : 초콜릿을 다진 다음 중탕으로 녹인다. 거품기로 생크림을 휘핑한 다음, 초콜릿에 붓고 재빨리 섞는다.

글라사주 : 초콜릿을 잘게 다진 다음 볼에 넣는다. 냄비에 생크림과 꿀을 끓인 후, 초콜릿에 붓고 잘 섞는다.

첫 번째 초콜릿 비스퀴 퀴이예르 시트를 시럽에 적신다. 그 위에 초콜릿 무스 ⅓을 바르고 산딸기 ⅓을 골고루 얹는다. 이 작업을 한 번 더 반복하고 마지막 비스퀴를 위에 올려 마무리한다. 스패튤러를 사용해 남은 초콜릿 무스 ⅓로 가토 전체를 덮고 20분간 냉장고에 둔다. 글라사주를 데워 가토 위에 붓고 스패튤러로 고르게 편다. 초콜릿이 굳도록 50분간 냉장고에 넣어 둔다. 서브하기 전 남은 산딸기로 장식한다.

초콜릿과 헤이즐넛 가토
Gâteau au chocolat et aux noisettes

6~8인분
난이도 ★
준비 시간 20분
굽는 시간 35분

우유 130ml
설탕 100g
바닐라 빈 1개
비터 초콜릿 100g
(카카오 함량 55~70%)
초콜릿과 헤이즐넛 스프레드 35g
실온 버터 30g
달걀 2개
체에 친 밀가루 100g
체에 친 베이킹파우더 1작은술(5.5g)
헤이즐넛 파우더 25g

오븐은 180℃로 예열한다. 지름 20cm의 제누아즈 틀에 버터를 바른다.

냄비에 우유, 설탕 20g, 바닐라 빈(반을 갈라 칼끝으로 속을 긁어 낸 씨와 껍질 포함)을 넣고 끓인 후 식힌다.

초콜릿과 초콜릿과 헤이즐넛 스프레드는 중탕으로 녹이고 밀가루와 베이킹파우더는 함께 체에 쳐 놓는다.

볼에 실온 버터와 남은 설탕을 넣고 크림화한다. 달걀을 하나씩 넣고 잘 섞은 다음 녹인 초콜릿, 초콜릿과 헤이즐넛 스프레드, 체에 친 밀가루와 베이킹파우더 ⅓를 넣는다.

우유에서 바닐라 빈을 꺼낸다. 위의 초콜릿 반죽에 남은 밀가루와 베이킹파우더 ⅔ 그리고 우유를 두 번에 나눠 넣고 헤이즐넛 파우더를 넣는다.

반죽을 틀에 붓고 35분간 굽는다. 가토 가운데를 칼끝으로 찔러보아 반죽이 묻어 나오지 않을 때까지 구운 다음 완전히 식혀 틀에서 뺀다.

셰프의 팁 : 헤이즐넛 파우더 대신 통 헤이즐넛 25g으로 대체할 수 있다. 오븐 팬에 유산지를 깔고 적당히 다진 헤이즐넛을 올려 놓고 160℃에서 5분 동안 색깔이 나도록 굽는다.

가토 드 마망
Gâteau de Maman

10~12인분
난이도 ★
준비 시간 20분
굽는 시간 30~35분

다크 초콜릿 195g
버터 150g
달걀 6개
설탕 300g
체에 친 밀가루 95g
커피 에센스 1큰술

오븐은 160℃로 예열한다. 2.5리터 용량의 둥근 그라탱 용기에 버터를 바른다.

다진 초콜릿에 버터를 넣고 중탕으로 녹인다.

달걀 3개는 노른자와 흰자를 분리한다. 볼에 달걀노른자 3개와 달걀 3개, 설탕 250g을 거품이 날 때까지 섞는다.
별도로 달걀흰자 3개에 남은 설탕을 넣고 단단한 머랭을 만든다.

미리 섞어 놓은 달걀노른자, 달걀, 설탕에 녹인 초콜릿을 넣고 머랭을 섞고, 체에 친 밀가루와 커피 에센스를 넣는다. 그라탱 용기에 반죽을 모두 붓는다.

뜨거운 물이 들어 있는 큰 볼에 그라탱 용기를 올려놓고 약 30~35분간 중탕으로 오븐에서 가토의 가운데 부분이 흔들릴 정도로 익힌다. 오븐에서 꺼내 식힌 후 서브한다.

셰프의 팁 : 커피 에센스는 뜨거운 물 150ml에 갈은 원두커피 80g을 넣고 우려내서 만든다. 필요한 경우 인스턴트 커피 1작은술을 넣을 수도 있다. 이 가토는 제철과일을 곁들이면 더 맛있게 즐길 수 있다.

초콜릿과 무화과를 넣은 부드러운 가토
Gâteau moelleux au chocolat et aux figues

8인분

난이도 ★

재워두기 하룻밤

준비 시간 1시간

굽는 시간 45분

말린 무화과 200g

프롱티냥 뮈스카 ½병

우유 120ml

설탕 100g

바닐라 빈 ½개

비터 초콜릿 100g

(카카오 함량 55~70%)

실온 버터 30g

달걀 2개

체에 친 밀가루 100g

체에 친 베이킹파우더 ½작은술(2.5g)

볼에 말린 무화과와 프롱티냥 뮈스카를 넣고 하룻밤 재워 둔다.

오븐을 180℃로 예열한다. 지름 20cm의 제누아즈 틀에 버터를 바르고 밀가루를 입힌다.

우유, 설탕 20g, 바닐라 빈(반을 갈라 칼끝으로 속을 긁어 낸 씨와 껍질 포함)을 끓인 후 불에서 내려서 식힌다.

물기를 뺀 무화과는 작은 조각으로 자른다.

초콜릿은 중탕으로 녹인 다음 미지근하게 식힌다.

실온 버터와 설탕을 섞어서 크림화하고 녹인 초콜릿과 달걀을 하나씩 넣으면서 섞고, 밀가루와 베이킹파우더를 함께 체에 친 후 분량의 ⅓을 섞는다. 준비한 우유에서 바닐라 빈을 꺼내고 절반을 반죽에 붓고 체에 친 밀가루와 베이킹파우더 ⅓을 섞는다. 남은 우유를 붓고 마지막 남은 체 친 밀가루와 베이킹파우더 ⅓을 섞는다. 반죽에 준비해 놓은 무화과를 스패튤러로 섞고 제누아즈 틀의 ¾을 채워 굽는다. 약 45분간 구워 칼끝으로 가토의 가운데를 찔러보아 반죽이 묻어 나오지 않으면 된 것이다. 가토를 식힌 후 틀에서 빼낸다.

셰프의 팁 : 무화과는 배나 복숭아 또는 말린 살구 등 다른 말린 과일로 대체할 수 있다.

초콜릿과 살구를 곁들인 세몰리나 가토
Gâteau de semoule au chocolat et à l'abricot

6인분
난이도 ★
준비 시간 45분
굽는 시간 50~55분
식히는 시간 2시간

우유 500ml
설탕 60g
바닐라 빈 1개
말린 살구 60g
세몰리나 80g
달걀 3개
초콜릿 칩 60g

데커레이션
신선한 산딸기
신선한 살구
신선한 민트 잎
산딸기 쿨리(선택)

냄비에 우유, 설탕 절반과 바닐라 빈(반을 갈라 칼끝으로 긁어 낸 씨와 껍질)을 넣고 끓이다가 주사위 모양으로 썬 말린 살구를 넣는다. 우유가 끓으면 바닐라 빈을 꺼내고 세몰리나를 넣어 젓는다. 약한 불에 20~25분 동안 끓여서 세몰리나에 우유가 약간 스며들게 한다. 세몰리나가 익으면 냄비를 불에서 내려 식힌다.

오븐은 160℃로 예열한다. 지름 20cm의 제누아즈 틀에 버터를 바른다. 틀과 같은 크기로 유산지를 자른 후 틀 바닥에 깐다.

볼에 달걀과 나머지 설탕을 넣고 잘 섞은 후 세몰리나에 넣어 혼합한다. 틀에 반죽을 붓고 초콜릿 칩을 뿌린 다음 오븐에서 30분 동안 굽는다. 적어도 2시간 이상 식힌 후 서브한다.

가토를 조각으로 잘라 산딸기, 살구를 곁들이고 민트 잎 또는 산딸기 쿨리로 장식해서 낸다.

셰프의 팁 : 제누아즈 틀에 세몰리나를 붓거나 초콜릿 칩을 넣기 전에 캐러멜을 넣을 수도 있다. 가토를 틀에서 꺼내면 캐러멜로 한 겹 입혀져 아주 바삭한 상태가 된다.

초콜릿과 산딸기 제누아즈
Génoise au chocolat et à la framboise

8인분
난이도 ★
준비 시간 30분
굽는 시간 25분

초콜릿 제누아즈
버터 20g
달걀 4개
설탕 125g
체에 친 밀가루 90g
체에 친 카카오 파우더(무가당) 30g

산딸기 잼 120g
슈거파우더 약간

오븐은 180℃로 예열한다. 지름 20cm의 제누아즈 틀에 버터를 바른다.

초콜릿 제누아즈 : 냄비에 버터를 넣고 미지근하게 녹인다.
달걀과 설탕을 중탕에 올려 거품기로 5~8분 정도 쳐서 색이 연해지면서 걸쭉한
상태가 되는 리본 텍스처로 만든다. 거품기로 들어 올렸을 때 끊어지지 않고
리본 모양을 형성하며 흘러 내리는 상태가 되면 스탠드 믹서에 옮겨 넣고 빠른
속도로 돌려 식힌다. 여기에 체 친 밀가루와 카카오 파우더를 2~3회에 나누어
섞은 후 미지근하게 녹인 버터를 재빨리 섞어 마무리 한다. 완성된 반죽을 준비한
틀에 붓고 오븐에서 25분간 굽는다. 제누아즈를 만져보았을 때 폭신하고 틀
가장자리에서 쉽게 떨어지면 잘 구워진 것이다. 식힘망에 옮겨 식힌 다음 틀에서
빼낸다.

식힌 제누아즈를 빵칼로 수평으로 잘라서 원형 시트를 2장 준비한다. 먼저
제누아즈 시트 1장을 놓고 산딸기 잼을 펴 바른 다음 다시 시트 한 장을 얹고
슈거파우더를 뿌려 마무리한다.

셰프의 팁 : 제누아즈를 중탕할 때 물이 너무 뜨겁지 않아야 반죽에 볼륨이 생겨서 가토가 잘
부풀고 가벼워진다.

초콜릿 마르브레
Marbré au chocolat

8인분
난이도 ★
준비 시간 30분
굽는 시간 50분

실온 버터 250g
슈거파우더 260g
달걀 6개
럼 50ml
체에 친 밀가루 300g
체에 친 베이킹파우더 2작은술(11g)
카카오 파우더(무가당) 25g
우유 40ml

오븐은 180℃로 예열한다. 28×10cm 크기의 케이크 틀에 버터를 바르고 밀가루를 입힌다.

실온 버터와 슈거파우더를 섞어 크림화한다. 달걀을 하나씩 첨가하여 섞은 후 럼을 붓고 체에 친 밀가루와 베이킹파우더를 넣어 섞는다. 이 반죽을 2등분한다. 우유에 카카오 파우더를 섞고 반죽 절반에만 조금씩 넣어 초콜릿 반죽을 만든다.

흰 반죽과 초콜릿 반죽을 숟가락으로 틀에 번갈아 가며 채워 오븐에 50분 동안 굽는다. 가토 가운데를 칼끝으로 찔러서 반죽이 묻어 나오지 않으면 잘 구워진 것이다.

셰프의 팁 : 초콜릿 마르브레는 길이 18cm의 작은 케이크 틀 2개에 구울 수도 있다. 이 경우에는 굽는 시간을 20분으로 줄인다.

초콜릿과 피스타치오 마르브레
Marbré au chocolat et à la pistache

15인분
난이도 ★
준비 시간 40분
굽는 시간 1시간
식히는 시간 10분

초콜릿 반죽
버터 60g
달걀 3개
설탕 210g
생크림 90ml
소금 약간
체에 친 밀가루 135g
체에 친 카카오 파우더(무가당) 30g
체에 친 베이킹파우더 1작은술(5.5g)

피스타치오 반죽
버터 60g
물 1큰술
설탕 200g
꿀 1작은술
피스타치오 35g
달걀 3개
생크림 90ml
소금 약간
체에 친 밀가루 165g
체에 친 베이킹파우더 1작은술(5.5g)

오븐은 160℃로 예열한다. 길이 28cm의 케이크 틀에 버터를 바른다.

초콜릿 반죽 : 냄비에 버터를 넣고 색이 나지 않도록 녹인 후 식힌다. 볼에 달걀과 설탕을 섞어 색이 연해지고 거품이 나게 한 다음 생크림, 녹인 버터, 소금, 체에 친 밀가루, 베이킹파우더, 카카오 파우더를 넣는다.

피스타치오 반죽 : 냄비에 버터를 넣고 색이 나지 않도록 녹인 후 식힌다. 물, 설탕 20g과 꿀을 끓인다. 피스타치오를 푸드 프로세서에 아주 곱게 간 다음 꿀 시럽을 붓고 말랑한 반죽이 될 때까지 돌린다. 볼에 달걀과 피스타치오 반죽, 남은 설탕을 넣고 색이 밝아지고 거품이 나게 섞는다. 생크림, 녹인 버터, 소금, 체에 친 밀가루와 베이킹파우더를 첨가한다.

숟가락 2개를 사용하여 피스타치오 반죽과 초콜릿 반죽을 번갈아 넣어 대리석 무늬(마르브레)가 생기도록 한다. 오븐에서 1시간 동안 굽는다. 가토 가운데를 칼끝으로 찔러 보았을 때 반죽이 묻어 나오지 않으면 잘 구워진 것이다. 식힘망에 옮겨 마르브레를 10분 동안 식힌 후 틀에서 빼낸다.

셰프의 팁 : 마르브레는 랩으로 씌워서 냉동실에서 3~4주 동안, 냉장고에서 3~4일 동안 보관할 수 있다.

메르베이외(경이로움)
Merveilleux

8~10인분
난이도 ★ ★ ★
준비 시간 1시간 30분
굽는 시간 약 30분
냉장 시간 25분

초콜릿 제누아즈
버터 20 g
달걀 4개
설탕 125g
체에 친 밀가루 90g
체에 친 카카오 파우더(무가당) 30g

캐러멜화한 호두
생크림 70ml
꿀 20g
설탕 100g
굵게 다진 호두 70g

프랄리네 초콜릿 무스
다크 초콜릿 150g
프랄린 페이스트 75g
(p. 320 참고)
생크림 250ml

데커레이션
굵게 다진 호두 150g
초콜릿 코포 p. 215 참고

오븐은 180℃로 예열한다. 지름 20cm의 제누아즈 틀에 버터를 바른다.

초콜릿 제누아즈 : 냄비에 버터를 녹이고 미지근하게 식힌다. 달걀과 설탕을 중탕해서 5~8분 동안 데우면서 거품기로 계속 섞어서 색이 연해지면서 걸쭉하게 되도록 한다 : 거품기로 들어 올렸을 때 끊기지 않고 리본같이 포개지면서 흐르는 상태. 이것을 불에서 내려 식을 때까지 거품기로 힘있게 섞은 후 체에 친 밀가루와 카카오 파우더를 2~3회에 나눠 넣고 녹인 버터를 재빨리 섞는다. 틀에 반죽을 붓고 오븐에서 25분간 굽는다. 손으로 만졌을 때 제누아즈가 폭신하고 틀에서 쉽게 떨어지면 잘 구워진 것이다. 식힘망에 옮겨 식힌 후 틀에서 뺀다.

캐러멜화한 호두 : 생크림과 꿀을 끓인다. 다른 냄비에 물은 넣지 않고 설탕만 끓여서 갈색 캐러멜이 되도록 한다. 캐러멜에 끓인 생크림과 꿀을 조금씩 붓고 계속해서 저어준다. 호두를 첨가한 후 볼에 모두 넣고 실온에 둔다.

프랄리네 초콜릿 무스 : 초콜릿과 프랄린 페이스트(프랄리네)를 중탕으로 녹인 다음 내린다. 생크림은 단단하게 휘핑한 후 녹인 초콜릿과 프랄린 페이스트에 넣고 거품기로 재빨리 섞는다. 냉장고에 넣어 둔다.

빵칼로 제누아즈를 수평으로 2등분한다. 첫 번째 제누아즈에 캐러멜화한 호두를 펼쳐 넣고 프랄리네 초콜릿 무스를 한 겹 바른다. 두 번째 제누아즈를 올리고 15분간 냉장한다. 나머지 무스로 가토를 덮고 가토 옆면에 굵게 다진 호두를 붙인 다음 다시 냉장고에 10분간 둔다. 가토 표면에 초콜릿 코포를 올려 마무리한다.

초콜릿 무알뢰와 피스타치오 크림
Moelleux au chocolat et crème à la pistache

4인분
난이도 ★
준비 시간 20분
굽는 시간 12분

피스타치오 크림
다진 피스타치오 20g
우유 250ml
달걀노른자 3개분
설탕 60g
바닐라 에센스 1~2방울

초콜릿 무알뢰
비터 초콜릿 125g
(카카오 함량 55~70%)
버터 125g
달걀 3개
설탕 125g
체에 친 밀가루 40g

피스타치오 크림 : 오븐 팬에 피스타치오를 펼쳐 놓고 2분 동안 타지 않게 굽고 푸드 프로세서로 갈아서 가루로 만든다. 우유는 천천히 끓인다. 달걀노른자와 설탕은 거품기로 저어 색이 연해지고 거품이 생길 때 끓인 우유 ⅓을 넣고 잘 섞는다. 나머지 우유가 담긴 냄비에 달걀노른자와 설탕, 우유 섞은 것을 붓고 약한 불에 올려 나무주걱으로 계속 저으면서 끓여 농도가 진해지고 나무주걱을 덮을 수 있는 텍스처로 만든다(크림이 끓지 않도록 주의한다. 85℃가 적당). 불에서 내려 체에 거른 후 바닐라 에센스와 피스타치오 가루를 넣는다. 크림을 식혀 사용하기 전까지 냉장고에 보관한다.

초콜릿 무알뢰 : 오븐을 180℃로 예열한다. 오븐 팬에 유산지를 깔아둔다. 지름 7.5cm의 원형 틀 4개에 버터를 바르고 오븐 팬에 올려 놓는다. 초콜릿과 버터를 중탕으로 녹인다. 볼에 달걀과 설탕을 넣고 거품이 나도록 섞어 중탕한 초콜릿과 버터에 넣고 체에 친 밀가루를 넣는다. 원형 틀에 준비한 반죽을 나눠 담는다. 오븐에서 12분간 굽는다.

초콜릿 무알뢰를 디저트 접시에 올린 후 원형 틀을 뺀다. 무알뢰 주위에 피스타치오 크림을 붓는다.

셰프의 팁 : 제과용 원형 무스 틀이 없으면, 작은 그라탱 틀에 무알뢰를 구울 수 있다. 입에서 살살 녹는 이 디저트는 얇게 슬라이스한 배 또는 통조림 배 조각을 곁들여도 좋다.

파베 뒤 루아
Pavé du roy

6인분
난이도 ★
준비 시간 35분
굽는 시간 12분
냉장 시간 30분

아몬드 초콜릿 비스퀴
아몬드 파우더 120g
슈거파우더 150g
달걀 2개
달걀노른자 4개
체에 친 밀가루 25g
체에 친 카카오 파우더 25g(무가당)
달걀흰자 5개
설탕 60g

가나슈
다크 초콜릿 300g
생크림 300ml

적시기 시럽
물 100ml
설탕 100g
럼 2작은술

기본 가나슈 만들기 p. 18 참고

오븐은 180℃로 예열한다. 30×38cm 크기의 오븐 팬에 유산지를 깔아둔다.

아몬드 초콜릿 비스퀴 : 볼에 아몬드 파우더, 슈거파우더, 달걀과 달걀노른자를 약 5분간 거품기로 섞고, 체에 친 밀가루와 카카오 파우더를 넣는다. 다른 큰 볼에 달걀흰자 5개와 설탕을 넣고 머랭을 만들어 미리 준비해 둔 반죽에 2~3회에 나누어 섞는다. 오븐 팬에 반죽을 펼쳐서 12분간 굽는다. 식으면 유산지를 제거한다.

가나슈 : 초콜릿은 곱게 다져 볼에 넣는다. 냄비에 생크림을 끓인 후 초콜릿에 부어 섞는다. 가나슈를 휴지해서 쉽게 펼쳐 바를 수 있도록 한다.

적시기 시럽 : 냄비에 물과 설탕을 끓여서 볼에 붓고 식힌 후 럼을 넣는다.

비스퀴를 수평으로 3등분한다. 첫 번째 비스퀴에 시럽을 약간 적신 후 가나슈를 얇게 펴 바른다. 다른 2장의 비스퀴에도 마찬가지로 가나슈를 바른다. 가나슈는 조금 남겨서 장식으로 사용한다. 가토를 30분간 냉장고에 넣어둔다.

가토에 남은 가나슈를 바르고 따뜻한 물에 담갔던 빵칼로 물결 무늬를 낸다.

셰프의 팁 : 가토의 폭신한 풍미를 즐기려면 냉장고에서 꺼내어 실온에 30분쯤 둔 후에 서브한다.

미니 다쿠아즈와 플로랑탱
Petites dacquoises et leurs florentins

4인분
난이도 ★ ★ ★
준비 시간 1시간 30분
굽는 시간 약 30분
냉장 시간 15분

다쿠아즈
슈거파우더 150g
아몬드 파우더 150g
달걀흰자 4개
설탕 50g

플로랑탱
생크림 100ml
버터 50g
꿀 50g
설탕 75g
당 절임한 체리 50g
당 절임한 오렌지 50g
아몬드 슬라이스 125g
밀가루 20g

밀크 초콜릿 무스
밀크 초콜릿 200g
생크림 300ml

머랭 또는 반죽 시트 만들기 p. 19 참고

오븐은 200℃로 예열한다. 오븐 팬 2장에 유산지를 깐다.

다쿠아즈 : 슈거파우더와 아몬드 파우더를 체에 친다. 달걀흰자에 설탕을 넣고 거품을 올린 다음 체에 친 슈거파우더와 아몬드 파우더를 넣는다. 짜주머니에 중간 크기의 모양깍지를 끼우고 반죽을 채운다. 유산지에 가운데부터 나선형으로 반죽을 짜서 지름 8cm짜리 시트 4개, 지름 7cm짜리 시트 4개, 지름 6cm짜리 시트 4개, 지름 5cm짜리 시트 4개를 만들어 오븐에 12분 동안 굽는다. 오븐에서 꺼내서 유산지를 제거하고 뜨거운 오븐 팬 위에서 다쿠아즈가 마르지 않게 한다.

플로랑탱 : 오븐은 180℃로 낮춘다. 냄비에 생크림, 버터, 꿀, 설탕을 섞고 110℃가 될 때까지 끓인다. 체리는 2등분하고 오렌지는 주사위 모양으로 썰어 볼에 넣고 아몬드 슬라이스, 밀가루와 함께 섞은 후 끓여놓은 생크림, 버터, 꿀, 설탕을 붓고 아몬드가 부서지지 않게 조심해서 섞는다. 유산지를 깔아 놓은 오븐 팬에 반죽을 3mm 두께로 펼친다. 노릇노릇한 색이 나도록 약 15분간 굽는다. 오븐에서 꺼내 식힌 다음, 작은 정사각형 또는 삼각형 모양으로 자른다.

밀크 초콜릿 무스 : 초콜릿을 다져서 중탕으로 녹인다. 볼에 생크림을 넣고 휘핑한 후 미지근한 초콜릿에 부어 재빨리 섞는다.

짜주머니에 원형 모양깍지를 끼우고 밀크 초콜릿 무스를 채워넣고 지름 8cm의 다쿠아즈 시트 4개 위에 볼모양으로 짠다. 지름 7cm의 시트 4개로 덮는다. 이와 같은 작업을 반복하여 작은 시트를 차례대로 올려서 다쿠아즈 시트와 무스가 번갈아가며 올려진 4층의 피라미드를 만든다. 15분간 냉장한 후 서브하기 전에 플로랑탱을 다쿠아즈 위에 올린다.

초콜릿 카트르-카르
Quatre-quarts au chocolat

12인분
난이도 ★
준비 시간 15분
굽는 시간 45분

실온 버터 250g
설탕 250g
달걀 5개
체에 친 밀가루 200g
체에 친 베이킹파우더 1작은술(5.5g)
체에 친 코코아 파우더(무가당) 50g

오븐은 180℃로 예열한다. 25×8cm 크기의 케이크 틀에 버터를 바르고 밀가루를 입힌다.

볼에 실온 버터를 넣고 포마드 상태를 만든다. 설탕을 첨가해서 거품이 나고 색이 연해질 때까지 섞는다. 달걀을 한 개씩 넣어 저은 다음 체에 친 밀가루, 베이킹파우더, 카카오 파우더를 넣어 섞는다.

반죽을 틀의 ¾까지 채운 다음 오븐에 45분간 굽는다. 가토 가운데에 칼끝을 넣었다가 뺐을 때 반죽이 묻어 나오지 않으면 오븐에서 꺼낸다. 가토를 식힘망으로 옮겨 틀에서 뺀다. 미지근하게 또는 차갑게 먹어도 좋다.

셰프의 팁 : 카트르 – 카르를 만들 때, 녹인 버터를 사용하지 않고 포마드 상태의 버터를 넣는다. 훨씬 가벼운 질감의 카트르 – 카르가 된다.

초콜릿 칩 카트르-카르
Quatre-quarts au chocolat tout pépites

12인분
난이도 ★
준비 시간 15분
굽는 시간 45분

실온 버터 250g
설탕 250g
달걀 5개
체에 친 밀가루 200g
초콜릿 칩 50g
럼 50ml

오븐은 180℃로 예열한다. 25×8cm 크기의 케이크 틀에 버터를 바르고 밀가루를 입힌다.

볼에 실온 버터를 넣어 포마드 상태를 만든다. 설탕을 첨가해서 거품이 나고 색이 연해질 때까지 섞는다. 달걀을 한 개씩 넣고 잘 저은 다음 체에 친 밀가루와 초콜릿 칩을 넣어 섞는다.

반죽을 틀의 ¾까지 채운 다음 오븐에 45분간 굽는다. 가토 가운데를 칼끝으로 찔러 보았을 때 반죽이 묻어 나오지 않으면 구워진 것이다. 오븐에서 꺼내 식힘망에 옮겨 틀에서 빼낸다. 따뜻할 때 럼을 적신다. 미지근하거나 차갑게 식혀서 먹는다.

셰프의 팁 : 취향에 따라 굽기 전에 럼을 넣을 수도 있다.

시바의 여왕
Reine de Saba

6~8인분
난이도 ★
준비 시간 20분
굽는 시간 20분
식히는 시간 15분

아몬드 페이스트 100g
달걀노른자 4개
슈거파우더 50g
달걀흰자 3개
설탕 35g
체에 친 밀가루 55g
체에 친 카카오 파우더(무가당) 15g
버터 25g

오븐은 160℃로 예열한다. 지름 20cm의 제누아즈 틀에 버터를 바르고 밀가루를 입힌다.

볼에 아몬드 페이스트와 달걀노른자를 섞은 후 슈거파우더를 첨가해서 매끈하고 가볍게 될 때까지 섞는다. 별도로 달걀흰자에 설탕을 넣어 거품을 올리고 섞어 놓은 아몬드 페이스트, 달걀노른자, 슈거파우더에 넣은 다음 체에 친 밀가루와 카카오 파우더를 섞는다. 냄비에 버터를 녹여 반죽에 넣고 잘 섞는다.

제누아즈 틀에 반죽을 넣고 오븐에서 20분 동안 구운 후 15분간 냉장고에서 식혀 틀에서 꺼낸다.

셰프의 팁 : 시바의 여왕(렌느 드 사바)은 질감이 부드러워 신선한 산딸기와 같은 붉은 과일(블랙베리, 블루베리 등)과 잘 어울린다.

쿠앵트로 초콜릿 롤
Roulade chocolat au Cointreau

12인분
난이도 ★ ★
준비 시간 1시간 30분
굽는 시간 8분
냉장 시간 20분

초콜릿 비스퀴 퀴이예르
달걀노른자 3개
설탕 75g
달걀흰자 3개
체에 친 밀가루 70g
체에 친 카카오 파우더(무가당) 15g

쿠앵트로 크림
판 젤라틴 1장
우유 330ml
달걀노른자 3개
설탕 70g
밀가루 20 g
옥수수 전분 20g
쿠앵트로 20ml
생크림 150ml

시럽
물 150ml
설탕 70g
쿠앵트로 20ml

초콜릿 휘핑크림
다크 초콜릿 80g
생크림 300ml

가르니튀르
산딸기 잼

오븐은 200℃로 예열하고 30×38cm 크기의 오븐 팬에 유산지를 깔아 둔다.

초콜릿 비스퀴 퀴이예르 : 달걀노른자와 설탕 절반을 섞어서 색이 연해지고 거품이 나게 한다. 별도로 달걀흰자와 설탕 절반을 섞어 단단하게 머랭을 만들어 색이 연해진 달걀노른자와 설탕에 조심해서 섞는다. 체에 친 밀가루와 카카오 파우더를 첨가한다. 오븐 팬에 반죽을 붓고 스패튤러로 고르게 한 후 오븐에 8분간 굽는다. 식힘망으로 옮겨 식힌 후 유산지를 제거한다.

쿠앵트로 크림 : 젤라틴을 차가운 물에 담가 놓는다. 냄비에 우유를 넣어 끓으면 불에서 내린다. 달걀노른자와 설탕을 섞은 다음 밀가루와 옥수수 전분을 넣고 끓인 우유를 조금씩 부어 가며 잘 섞는다. 냄비에 모두 넣고 걸쭉해질 때까지 저어가며 끓인다. 계속해서 섞으면서 1분간 끓여주고 불에서 내린다. 젤라틴은 물기를 짠 후 크림에 넣어 잘 섞은 다음 볼에 옮겨 랩으로 씌워 식힌다. 크림이 차가워지면 쿠앵트로를 섞는다. 생크림은 휘핑해서 준비한 크림에 섞는다.

시럽 : 물과 설탕을 끓여 식힌 후 쿠앵트로를 섞는다.

초콜릿 휘핑크림 : 초콜릿을 다져서 중탕으로 녹인다. 생크림을 휘핑해서 녹인 초콜릿과 섞는다.

비스퀴는 시럽에 적시고 산딸기 잼을 골고루 바르고 쿠앵트로 크림을 펴 바른다. 유산지를 이용하여 돌돌 말고 유산지는 뺀다. 칼로 롤의 양끝을 자르고 냉장고에 20분간 둔다. 짜주머니에 모양깍지를 끼우고 초콜릿 휘핑크림을 채워 직선으로 고르게 짜 초콜릿 롤을 마무리한다.

초콜릿 롤
Roulé au chocolat

8~10인분
난이도 ★
준비 시간 25분
굽는 시간 8분
냉장 시간 20분

초콜릿 제누아즈
버터 20g
달걀 4개
설탕 125g
체에 친 밀가루 90g
체에 친 카카오 파우더(무가당) 30g

가르니튀르
생크림 150ml
슈거파우더 50g
산딸기 200g

데커레이션
카카오 파우더(무가당) 또는
슈거파우더 약간

롤 케이크 만들기 p. 20 참고

오븐은 200℃로 예열한다. 30×38cm 크기의 오븐 팬에 유산지를 깔아둔다.

초콜릿 제누아즈 : 냄비에 버터를 녹인다. 볼에 달걀과 설탕을 넣고 중탕으로 5~8분 동안 데워 색이 연해지고 걸쭉한 리본 텍스처가 되도록 거품기로 친다 : 거품기로 들어 올렸을 때 리본모양으로 포개지면서 흐르는 상태. 중탕에서 내려서 거품기로 강하게 올려 식힌 다음 체에 친 밀가루와 카카오 파우더를 2~3회에 나눠 넣는다. 녹인 버터를 조심스럽게 넣어 재빨리 섞는다. 오븐 팬에 반죽을 붓고 8분 동안 오븐에 굽는다. 제누아즈는 만져 보았을 때 폭신한 느낌이 있고 유산지가 잘 떨어져야 한다. 제누아즈 틀 위에 유산지와 식힘망을 올려 재빨리 엎어 제누아즈를 뒤집는다. 제누아즈에 붙은 유산지를 떼어내고 식힌다.

가르니튀르 : 생크림에 슈거파우더를 넣고 거품기로 단단하게 휘핑한다. 제누아즈 위에 휘핑한 크림을 골고루 펴 바르고 산딸기를 올린다. 유산지를 살며시 들어 올려 제누아즈를 돌돌 말면서 유산지는 제거한다. 이음매 부분이 밑으로 가게 하고 가토의 양끝을 칼로 잘라내 20분간 냉장고에 둔다. 서브하기 전에 카카오 파우더나 슈거파우더를 뿌린다.

자허토르테
Sachertorte

8~10인분
난이도 ★
준비 시간 35분
굽는 시간 40분
냉장 시간 40분

자허 비스퀴
다크 초콜릿 180g
버터 30g
달걀흰자 7개
설탕 80g
달걀노른자 3개
체에 친 밀가루 40g
체에 친 아몬드 파우더 20g

시럽
물 150ml
설탕 100g
키르슈 1큰술

가나슈
다크 초콜릿 150g
생크림 150ml

데커레이션
살구잼 200g

가토 글라세 하기 p. 21 참고

오븐은 180℃로 예열한다. 지름 22cm의 제누아즈 틀에 버터를 바른다.

자허 비스퀴 : 초콜릿과 버터는 중탕으로 녹인다. 달걀흰자는 살짝 거품을 올린 후 설탕 ⅓을 넣고 계속 거품기로 쳐서 매끈하고 광택이 나게 한다. 남은 설탕 ⅔를 넣고 텍스처가 단단해지도록 거품을 올리고, 달걀노른자, 체에 친 밀가루, 아몬드 파우더 그리고 녹인 초콜릿과 버터를 섞는다. 틀에 반죽을 붓고 40분간 굽는다. 다 구워진 비스퀴는 손으로 만졌을 때 폭신해야 한다. 식힌 후 틀에서 빼낸다.

시럽 : 물과 설탕을 끓여 식힌 후 키르슈를 첨가한다.

가나슈 : 초콜릿을 잘게 다져 볼에 넣는다. 생크림을 끓여서 다진 초콜릿에 붓는다. 가나슈를 잘 섞어서 쉽게 바를 수 있는 텍스처가 되도록 휴지시킨다.

자허 비스퀴를 수평으로 2등분 한다. 자른 원형 비스퀴 시트 한 장에 시럽을 바른 다음 살구잼을 1cm 두께로 펴 바른다. 그 위에 나머지 비스퀴 시트를 올리고 시럽을 바른 다음 냉장고에 30분간 둔다.

가나슈로 가토를 덮고 10분간 다시 냉장해서 가나슈를 굳힌다.

남은 가나슈를 데운다. 식힘망에 차가워진 가토를 올려놓고 따뜻한 가나슈로 완전히 덮는다. 곧바로 스패튤러로 가토의 표면을 매끈하게 정리한다.

초콜릿 생테루아
Saint-éloi au chocolat

8인분
난이도 ★ ★
준비 시간 2시간
굽는 시간 25분
냉장 시간 25분

초콜릿 제누아즈
버터 20g
달걀 4개
설탕 125g
체에 친 밀가루 90g
체에 친 카카오 파우더(무가당) 30g

적시기 시럽
물 150ml
설탕 200g
쿠앵트로 50ml

가나슈
초콜릿 250g
생크림 250ml
쿠앵트로 50ml

기본 가나슈 만들기 p. 18 참고

오븐은 180℃로 예열한다. 지름 22cm의 제누아즈 틀에 버터를 바르고 밀가루를 입힌다.

초콜릿 제누아즈 : 냄비에 버터를 녹인다. 볼에 달걀과 설탕을 넣고 중탕으로 5~8분 동안 데워 색이 연해지고 걸쭉한 리본 텍스처가 되도록 거품기로 친다 : 거품기로 들어 올렸을 때 리본모양으로 포개지면서 끊기지 않고 흐르는 상태. 중탕에서 내려 거품기로 강하게 올려 식힌 다음 체에 친 밀가루와 카카오 파우더를 2~3회에 나눠 넣는다. 미지근한 버터를 조심스럽게 넣고 재빨리 섞는다. 틀에 반죽을 붓고 25분 동안 오븐에 굽는다. 제누아즈는 만져 보았을 때 폭신한 느낌이 있고 틀 가장자리에서 잘 떨어져야 한다. 식힘망에 옮겨 식힌 후 틀에서 뺀다.

적시기 시럽 : 물과 설탕을 끓여 식힌 후 쿠앵트로를 첨가한다.

가나슈 : 초콜릿을 다져서 볼에 넣는다. 생크림을 끓여서 다진 초콜릿에 부어 섞은 다음 쿠앵트로를 첨가한다. 가나슈는 쉽게 펴 바를 수 있는 텍스처가 되도록 휴지한다.

제누아즈는 빵칼로 수평으로 3등분한다. 첫 번째 제누아즈에 붓으로 시럽을 바른 다음 가나슈를 2cm 두께로 펴 바른다. 두 번째 제누아즈에도 시럽과 가나슈를 바르고, 세 번째 제누아즈를 올리고 시럽을 바른다. 가토를 냉장고에 15분간 넣어서 가나슈가 단단해지도록 한다.

가토를 가나슈로 다시 덮고 스패튤러로 뾰족하게 모양을 낸 다음 냉장고에 다시 넣어 10분 동안 굳힌다.

Tartes
en folie

바사삭 부서지는 타르트

파트 사블레
만들기

선택한 레시피에 따라 파트 사블레 만드는 방법을
응용한다(p. 116 참고).

① 볼에 실온 버터 150g, 체에 친 밀가루 250g, 소금
약간, 슈거파우더 95g, 바닐라 설탕 1봉지(8g)를 넣고
손가락으로 모래알처럼 흩어지는 상태로 만든다.
밀가루를 체에 내릴 때 카카오 파우더 또는
아몬드 파우더를 동시에 넣어 향을 낼 수 있다.

② 달걀 한 개를 넣고 나무 주걱으로 계속해서 섞는다.

③ 반죽을 둥글게 뭉친 후 밀가루를 뿌린 작업대에 놓고
손바닥으로 밀듯이 반죽해 재료들이 골고루 섞이게 한다.
지나치게 오래 작업하면 반죽에 글루텐이 형성되어
탄력성이 생기므로 주의해야 한다.
30분 동안 냉장고에 두어 휴지시킨 후 사용한다.

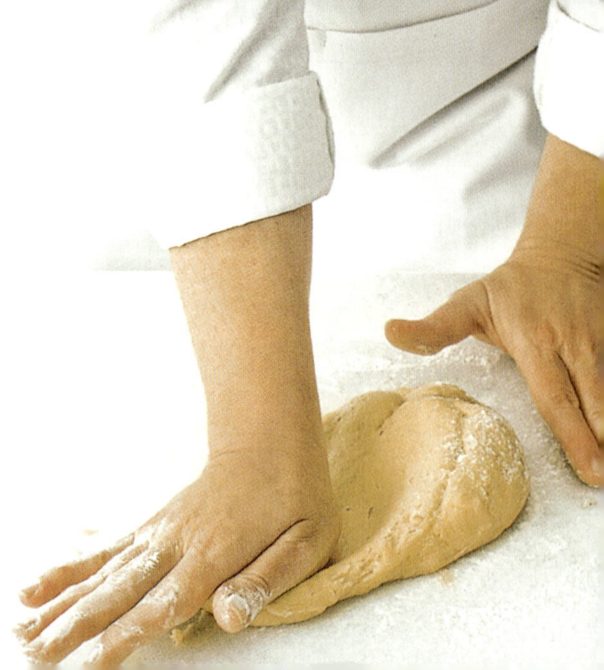

반죽 밀기

선택한 타르트 또는 타르틀레트 레시피에 따라
파트 브리제, 파트 사블레, 파트 쉬크레를 준비한다.

① 작업대에 밀가루를 뿌린다. 반죽을 손으로 납작하게
만든다.

② 밀대로 반죽을 얇게 민다. 반죽을 밀 때는 항상
중심에서 바깥쪽으로 밀어준다.

한 번 밀 때마다 90도 방향으로 돌려 주어 일정한 두께와
모양을 유지한다.

③ 손으로 만지기에 반죽이 너무 무른 상태인데 과정이
남았다면 반죽을 밀대에 감아 들어올려 90도 방향으로
회전시키면 된다.

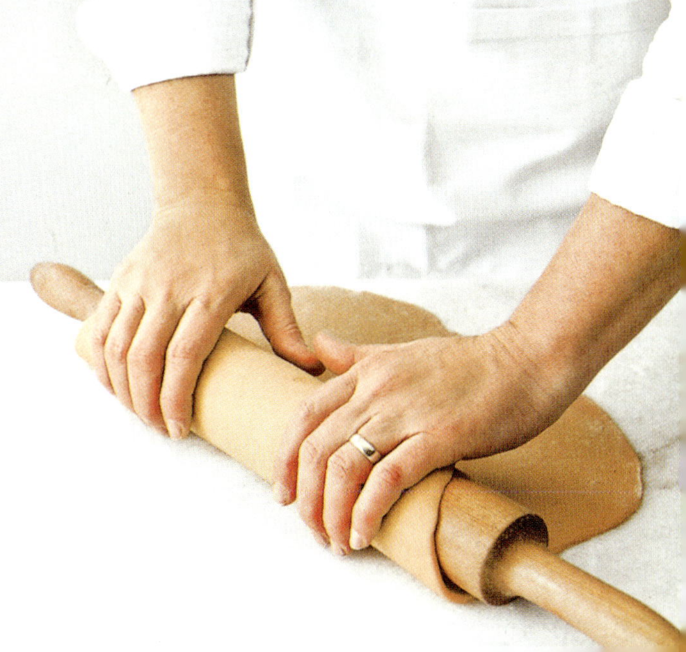

선택한 타르트 레시피에 따라 파트 브리제, 파트 사블레, 파트 쉬크레를 준비한다. 3mm 두께로 밀어 틀의 지름보다 5cm 정도 크게 준비한다.

① 반죽을 민 다음 밀대로 반죽을 말아서 틀 위에 놓는다. 가장자리에 여분을 남겨둔다.

② 틀 바닥과 옆면에 반죽을 밀착시킨다. 반죽 바닥과 옆면의 꺾인 부분이 직각이 되도록 한다.

③ 밀대로 틀 가장자리를 세게 눌러 자투리를 잘라낸다. 포크로 타르트의 바닥에 구멍을 내고 선택한 레시피에 따라 지시대로 굽는다.

타르틀레트 틀에
반죽 깔기

선택한 타르틀레트 레시피에 따라서 파트 브리제, 파트 사블레, 파트 쉬크레를 준비한다. 반죽을 3mm 두께로 민다.

① 타르틀레트와 같은 크기로 볼(또는 쿠키 커터)을 뒤집어 반죽을 찍어낸다.

② 잘라낸 반죽을 틀 위에 올려 놓는다.

③ 틀 바닥과 옆면에 반죽이 잘 밀착되도록 한다. 반죽 바닥과 옆면의 꺾인 부분이 직각이 되도록 한다. 포크로 타르틀레트 바닥에 구멍을 낸다. 선택한 레시피에 따라 지시대로 굽는다.

바르케트 두쇠르
Barquettes douceur

12~14인분
난이도 ★
준비 시간 45분
냉장 시간 45분
굽는 시간 10~15분

파트 쉬크레
실온 버터 120g
슈거파우더 100g
소금 약간
달걀 1개
체에 친 밀가루 200g

부드러운 밀크 초콜릿 무스
밀크 초콜릿 150g
생크림 250ml

데커레이션
카카오 파우더(무가당) 또는
슈거파우더

크넬 만들기 p. 214 참고

파트 쉬크레 : 실온 버터와 슈거파우더, 소금을 섞은 다음 달걀과 체에 친 밀가루를 넣는다. 반죽을 한 덩어리로 만들어 납작하게 만든다. 랩으로 싸서 30분간 냉장고에 넣어둔다.

바르케트 틀 12~14개에 버터를 바르고 작업대에 밀가루를 뿌린다. 파트 쉬크레 반죽을 3mm 두께로 밀어 편다. 칼로 틀보다 약간 크게 타원형으로 12개를 자른다. 틀 안쪽에 반죽을 밀착시킨다. 포크로 바르케트 바닥에 작은 구멍을 내고 냉장고에 15분 동안 넣어둔다.

오븐은 180℃로 예열한다.

바르케트를 오븐에서 10~15분간 노르스름하게 굽는다. 식힘망에 올려 식힌다.

부드러운 밀크 초콜릿 무스 : 초콜릿을 중탕으로 녹인다. 생크림을 볼에 넣고 무스 텍스처가 되도록 휘핑한다. 그 위에 녹인 초콜릿을 붓는다. 스패튤러로 처음에는 빨리 섞다가 점점 천천히 섞는다.

숟가락 2개를 사용하여 초콜릿 무스를 타원형(크넬 모양)으로 만들어 바르케트에 채우고 고운 체를 이용해 카카오 파우더 또는 슈거파우더를 뿌린다.

페루아니타 치즈케이크와
팅고 마리아 비터 카카오
Cheesecake de Peruanita et cacao amer de Tingo Maria

6인분

난이도 ★ ★
물빼기 12시간
준비 시간 45분
굽는 시간 1시간 15분
냉장 시간 약 4시간 20분

생치즈 115g
(유지방 함유량 40%)

단맛의 감자 퓌레
감자 200g
우유 200ml
설탕 20g
오렌지 제스트 ⅓개분

카카오 페이스트
카카오 파우더(무가당) 1½큰술
물 30ml

바삭한 시트
버터 30g
딱딱한 초콜릿 쿠키 60g
다진 호두 15g

치즈케이크 베이스
생크림 110ml
달걀 1개 + 달걀노른자 1개
설탕 55g
꿀 1큰술

나파주
판 젤라틴 ½장
잡화꿀 35g
물 30ml

생치즈는 하루 전날 물기를 빼서 냉장고에 둔다.

단맛의 감자 퓌레 준비 : 감자는 껍질을 벗기고 씻은 다음 주사위 모양으로 썬다. 냄비에 우유, 설탕, 오렌지 제스트를 넣고 끓인다. 감자를 넣고 약 30분간 으깨질 정도로 익힌다. 체 또는 포테이토 매셔(감자 으깨는 도구)로 퓌레를 만들고 미지근하게 식힌다.

카카오 페이스트 : 냄비에 물과 카카오 파우더를 넣어 잘 섞은 다음 끓인다.

오븐은 180℃로 예열한다. 오븐 팬에 유산지를 깔고 지름 18cm, 높이 5cm의 원형 무스 틀을 올려 놓는다.

바삭한 시트 : 버터를 녹인다. 딱딱한 초콜릿 쿠키를 잘게 부순 후 다진 호두, 녹인 버터를 섞는다. 무스 틀 바닥에 넣고 단단히 눌러준다.

치즈케이크 베이스 : 미지근한 감자 퓌레에 물기를 뺀 생치즈를 넣고 생크림, 달걀, 설탕, 꿀, 카카오 페이스트를 잘 저으면서 넣는다. 원형 무스 틀에 반죽을 넣고 오븐에서 45분간 굽는다. 틀을 빼지 않은 상태로 치즈케이크를 식힌 다음 냉장고에 4시간 넣어 둔다.

나파주 : 차가운 물에 젤라틴 ½장을 담가 놓는다. 냄비에 꿀과 물을 넣고 끓인다. 젤라틴의 물기를 빼서 끓인 꿀과 물에 넣고 식힌다. 틀에서 빼지 않은 치즈케이크 위에 나파주를 발라 15~20분간 다시 냉장고에 넣는다. 칼끝으로 치즈케이크의 틀 가장자리를 둘러 틀에서 뺀다.

팅고 마리아(Tingo Maria) 페루 중부 우아누코 주 레온시오프라도 군의 군청 소재지.

모던한 쿠즈코 초콜릿 플랑과 티티카카 크럼블
Flan moderne au chocolat de Cuzco, crumble du Titicaca

6인분

난이도 ★

준비 시간 55분

굽는 시간 약 1시간 10분

휴지 시간 20분

냉장 시간 2시간

초콜릿 플랑

다진 쿠즈코 초콜릿 75g

(또는 카카오 함량 70% 초콜릿)

물 200ml

우유 600ml

생크림 150ml

정향 1개

통계피 1개

달걀 5개

설탕 125g

티티카카 크럼블

퀴노아* 25g

황설탕 50g

버터 50g

밀가루 50g

계피가루 약간

샹티이 크림

생크림 150ml

바닐라 에센스 약간

슈거파우더 15g

*남미 안데스 산맥
고지대에서 재배되는
곡물.

초콜릿 플랑 : 냄비에 다진 초콜릿과 물을 넣고 약한 불로 녹인다. 한 번 끓인 다음 아주 약한 불로 5분간 더 끓인다. 우유와 생크림, 정향, 통계피를 넣고 다시 끓인다. 볼에 달걀과 설탕을 넣고 색이 연해질 때까지 섞은 후 초콜릿 혼합물을 붓고 잘 저은 다음 20분간 휴지한다.

오븐은 80℃로 예열하고 초콜릿 플랑을 체에 거른다. 램킨(Ramekin, 작은 도자기 오븐용기) 6개에 ¾까지 채우고 오븐에 40분간 익혀서 플랑을 굳힌다. 오븐에서 플랑을 꺼내 식힌 다음 냉장고에 2시간 동안 넣어 둔다.

티티카카 크럼블 : 물을 넣은 냄비에 씻은 퀴노아*를 넣고 20분간 끓인다. 퀴노아가 벌어지면 불에서 내린 후 물기를 제거하고 말린다. 오븐은 180℃로 예열한다. 오븐 팬에 유산지를 깐다. 볼에 크럼블 재료를 모두 넣고 모래알같이 흩어지는 상태로 섞는다. 오븐 팬에 1cm 두께로 크럼블을 펼쳐 놓고 오븐에서 10~15분간 구운 다음 꺼내 식힌다.

샹티이 크림 : 생크림에 바닐라 에센스를 넣고 휘핑한다. 생크림 농도가 진해졌을 때 슈거파우더를 넣고 단단해질 때까지 휘핑한다.

작은 티티카카 크럼블 조각과 샹티이 크림으로 초콜릿 플랑을 장식한다.

크럼블 스타일 망고
Mangues façon crumble

6인분
난이도 ★
준비 시간 30분
굽는 시간 20~25분

초콜릿 크럼블
버터 75g
밀가루 50g
카카오 파우더(무가당) 25g
황설탕 75g
헤이즐넛 가루 75g

팬에 구운 망고
망고 3개
버터 60g
황설탕 150g

오븐은 180℃로 예열한다. 오븐 팬에 유산지를 깔아둔다.

초콜릿 크럼블 : 커다란 볼에 크럼블 재료를 넣고 부슬부슬한 상태로 섞은 후 오븐 팬에 1cm 두께로 편다. 오븐에서 10~15분간 굽는다. 크럼블을 으깨어 조각낸 다음 식힌다.

팬에 구운 망고 : 망고는 껍질을 벗기고 얇게 슬라이스한다. 팬에 버터를 넣고 뜨겁게 달군 다음 슬라이스한 망고, 황설탕을 넣고 약한 불에서 10분간 망고가 부드러워질 때까지 익힌다.

오목한 접시 6개에 망고를 나눠 담고 초콜릿 크럼블을 올린다.
나머지 망고 조각을 얹어 따뜻하게 낸다.

초콜릿 타르트
Tarte au chocolat

10인분

난이도 ★ ★ ★

준비 시간 2시간

냉장 시간 1시간

굽는 시간 50~60분

파트 쉬크레

실온 버터 120g

슈거파우더 100g

소금 약간

달걀 1개

체에 친 밀가루 200g

아몬드 크림

실온 버터 100g

설탕 100g

바닐라 파우더 약간

달걀 2개

아몬드 파우더 100g

가나슈

다크 초콜릿 125g

생크림 125ml

설탕 25g

실온 버터 25g

카카오 시럽

물 50ml

설탕 40g

카카오 파우더(무가당) 15g

초콜릿 크루스티앙

밀크 초콜릿 25g

실온 버터 30g

프랄린 페이스트 125g
(p. 320 참고)

크레프 당텔 15개(60g)

조각 낸 크레프 당텔 5개

파트 쉬크레 : 실온 버터와 슈거파우더, 소금을 섞은 다음 달걀과 체에 친 밀가루를 넣어 섞는다. 반죽을 한 덩어리로 뭉쳐 납작하게 만든다. 랩으로 싸서 냉장고에 30분 동안 둔다.

오븐은 180℃로 예열한다. 지름 24cm의 타르트 틀에 버터를 바르고 작업대에 밀가루를 뿌린다. 파트 쉬크레를 지름 30cm, 두께 3mm의 원형이 되도록 밀대로 민다. 반죽 시트를 틀에 씌워 틀 바닥과 옆면에 밀착시켜 성형한 후 10분 동안 냉장고에서 휴지 시킨다.

틀보다 큰 유산지를 시트 위에 깔고 마른 강낭콩(또는 쌀)을 올린다. 약간 노르스름해질 때까지 약 10분간 오븐에서 굽는다. 유산지와 강낭콩을 빼내고 오븐 온도를 160℃로 낮춰 약 8분 동안 타르트 바닥을 다시 구운 후 오븐에서 꺼내 식힘망에 올려 놓는다.

아몬드 크림 : 실온 버터와 설탕을 섞고 바닐라 파우더를 첨가한다. 달걀을 하나씩 넣고 섞으면서 아몬드 파우더를 넣어 잘 섞는다. 타르트에 아몬드 크림을 붓고 약 30~40분간 오븐에 굽는다.

가나슈 : 초콜릿을 다져 볼에 넣는다. 생크림과 설탕을 끓여 초콜릿에 붓는다. 잘 섞은 다음 실온 버터를 넣는다. 가나슈를 휴지시켜 쉽게 펴 바를 수 있게 한다.

카카오 시럽 : 냄비에 물과 설탕을 끓인다. 여기에 카카오 파우더를 넣고 거품기로 섞은 후 다시 끓여 식힌다.

초콜릿 크루스티앙 : 곱게 다진 밀크 초콜릿을 중탕으로 녹인다. 실온 버터, 프랄린 페이스트와 크레프 당텔 조각을 넣고 섞는다. 유산지에 지름 20cm의 원형 무스 틀로 밑그림을 그린 후 그 위에 초콜릿 크루스티앙 준비물을 펼쳐 냉장고에 20분 동안 둔다.

구운 타르트에 아몬드 크림에 카카오 시럽을 바른다. 스패튤러로 가나슈를 얇게 바르고 초콜릿 크루스티앙을 올린다. 나머지 가나슈를 바르고 크레프 당텔 조각을 뿌린다.

비터 초콜릿 타르트
Tarte au chocolat amer

6인분
난이도 ★
준비 시간 35분
냉장 시간 40분
굽는 시간 약 50분

파트 브리제 쉬크레
체에 친 밀가루 200g
설탕 30g
소금 약간
조각 낸 버터 100g
풀어 놓은 달걀 1개
물 1큰술

비터 초콜릿 크림
비터 초콜릿 150g
(카카오 함량 55~70%)
버터 150g
달걀 3개
설탕 200g
밀가루 60g
생크림 50ml

크렘 앙글레즈(선택)
달걀노른자 6개
설탕 180g
우유 500ml
바닐라 빈 1개

데커레이션
슈거파우더

크렘 앙글레즈 만들기 p. 212 참고

파트 브리제 쉬크레 : 큰 볼에 체에 친 밀가루, 설탕, 소금을 넣는다. 버터를 조각내서 넣고 부슬부슬한 상태로 만든다. 가운데 홈을 파고 풀어 놓은 달걀과 물을 넣고 섞는다. 반죽을 한 덩이로 뭉쳐 약간 납작하게 만든다. 랩으로 싸서 30분 동안 냉장고에 넣는다.

오븐은 180℃로 예열한다. 지름 26cm의 타르트 틀에 버터를 바르고 작업대에 밀가루를 뿌린다. 파트 브리제 쉬크레를 펼쳐서 밀대를 이용해 지름 30cm, 두께 3mm의 원형으로 민다. 반죽 시트를 틀에 씌워 틀 바닥과 옆면에 밀착시켜 성형한 후 10분 동안 냉장고에서 휴지 시킨다.

틀보다 큰 유산지를 시트 위에 깔고 마른 강낭콩(또는 쌀)을 올린다. 오븐에 넣어 약간 노르스름하게 되도록 10분 정도 굽는다. 유산지와 강낭콩(또는 쌀)을 빼낸다. 오븐 온도를 160℃로 낮춰 8분간 더 구운 후 꺼내 식힘망에 올려 식힌다.

오븐 온도를 120℃로 낮춘다.

비터 초콜릿 크림 : 비터 초콜릿과 버터를 중탕으로 녹인다. 중탕에서 내려놓고 달걀을 넣어 곧바로 섞고 이어서 설탕, 밀가루, 생크림을 넣어 섞는다. 구워 놓은 타르트에 채워 크림이 단단해질 때까지 오븐에서 30분간 굽는다.

크렘 앙글레즈 : 볼에 달걀노른자와 설탕을 넣어 색이 연해지고 농도가 진해질 때까지 섞는다. 냄비에 우유를 넣고 바닐라 빈을 갈라 씨를 칼끝으로 긁어서 넣고 끓인다. 미리 섞어 놓은 달걀노른자와 설탕에 끓인 바닐라향 우유 ⅓을 넣고 재빨리 섞는다. 다시 냄비에 재료를 모두 넣어 약한 불에서 앙글레즈 재료가 부드럽고 걸쭉해질 때까지 나무주걱으로 계속 저어가며 가열한다(크림이 끓지 않도록 주의한다).

타르트에 슈거파우더를 뿌린다. 크렘 앙글레즈를 곁들여 미지근하게 먹는다.

라임향 초콜릿 타르트
Tarte au chocolat et aux arômes de citron vert

8~10인분
난이도 ★ ★
준비 시간 1시간 45분
굽는 시간 1시간 20~25분
냉장 시간 1시간 10분

당절임한 라임
라임 2개
설탕 100g
물 100ml

파트 쉬크레
실온 버터 120g
슈거파우더 100g
소금 약간
달걀 1개
체에 친 밀가루 200g

라임 가나슈
라임 껍질 2개
다크 초콜릿 300g
생크림 250ml
버터 125g

데커레이션
카카오 파우더(무가당)

타르트 틀에 반죽 깔기 p. 94 참고

라임 콩피 준비 : 오븐은 80~100℃로 예열한다. 오븐 팬에 유산지를 깔아둔다. 라임을 아주 얇게 슬라이스한다. 냄비에 설탕과 물을 끓인다. 냄비를 불에서 내려놓고 슬라이스한 라임을 넣어 1시간 동안 당 절임한다. 라임 슬라이스를 건져 오븐 팬에 펼친다. 오븐에 넣어 1시간 동안 말린 다음 장식용으로 따로 둔다.

파트 쉬크레 : 실온 버터와 슈거파우더, 소금을 섞는다. 달걀을 넣은 다음 체에 친 밀가루를 넣어 섞는다. 반죽을 한 덩어리로 뭉쳐 약간 납작하게 만든 다음 랩으로 싸서 30분 동안 냉장고에 넣는다.

오븐은 180℃로 예열한다. 지름 22cm의 타르트 틀에 버터를 바른다. 작업대에 밀가루를 뿌린다. 파트 쉬크레를 밀어서 지름 27cm, 두께 3mm의 원형 시트를 만든다. 틀에 올려 성형한 후 10분 동안 냉장고에 넣는다.

틀보다 약간 큰 유산지를 시트 위에 놓고 마른 강낭콩(또는 쌀)을 넣어 약간 노르스름하게 될 때까지 오븐에서 10분간 굽는다. 유산지와 강낭콩(쌀)을 빼낸 후 오븐 온도를 160℃로 낮춰 타르트 바닥을 10~15분 동안 노르스름하게 더 구운 다음 꺼내 식힘망에 놓아 식힌다.

라임 가나슈 : 라임 껍질을 얇고 길게 썬다. 초콜릿을 다져 볼에 넣는다. 생크림과 길게 자른 라임 껍질을 끓인 후 초콜릿 위에 부어 잘 섞고 버터를 첨가한다. 완성된 가나슈를 타르트 바닥에 부어 냉장고에 30분 동안 넣어둔다. 타르트에 카카오 파우더를 뿌리고 그 위에 장식용 라임 조각을 올린다.

셰프의 팁 : 라임 가나슈가 남으면 별모양 깍지를 끼운 짜주머니에 넣어 타르트를 냉장고에 넣기 전에 로자스(꽃)모양으로 장식한다.

무화과 초콜릿 타르트
Tarte au chocolat et aux figues

10인분
난이도 ★ ★
준비 시간 45분
굽는 시간 약 1시간 10분
냉장 시간 1시간 10분

초콜릿 파트 사블레
실온 버터 150g
체에 친 밀가루 250g
체에 친 카카오 파우더(무가당) 15g
소금 약간
슈거파우더 95g
달걀 1개

무화과 콩포트
말린 무화과 400g
설탕 85g
레드 와인 200ml
산딸기 퓌레 125g

초콜릿 가나슈
다크 초콜릿 300g
생크림 375g
버터 100g

기본 가나슈 만들기 p. 18 참고

초콜릿 파트 사블레 : 실온 버터, 체에 친 밀가루, 카카오 파우더, 소금, 슈거파우더를 부슬부슬하게 섞는다. 달걀을 넣어 섞은 다음 반죽을 한 덩어리로 뭉쳐 약간 납작하게 만들어 랩으로 씌워서 냉장고에 30분간 둔다.

오븐은 180℃로 예열한다. 지름 24cm의 타르트 틀에 버터를 바른다. 작업대에 밀가루를 뿌린다. 반죽을 밀대로 밀어 지름 30cm, 두께 3mm의 원형 시트를 만들어 타르트 틀에 올려 성형한 후 10분 동안 냉장고에 넣어 휴지 시킨다.

틀보다 큰 유산지를 시트 위에 놓고 마른 강낭콩(또는 쌀)을 올려 약간 노르스름하게 될 때까지 오븐에서 약 10분간 굽는다. 강낭콩(또는 쌀)과 유산지를 빼내고 오븐의 온도를 160℃로 낮춰 10~15분 동안 타르트 바닥을 더 굽는다. 오븐에서 꺼내 식힘망에 둔다.

무화과 콩포트 : 끓는 물에 무화과를 넣고 3분 동안 담가 말랑말랑하게 한 후 물기를 뺀다. 냄비에 무화과, 설탕, 레드 와인, 산딸기 퓌레를 넣고 약한 불에서 40분 동안 뭉근히 끓여 무화과를 부드럽게 익힌 다음 식힌다. 구워 놓은 타르트에 무화과 콩포트를 ⅔ 정도 채우고 스패튤러로 표면을 고르게 한다.

가나슈 : 볼에 초콜릿을 다져 놓는다. 생크림을 끓여서 초콜릿에 부어 녹인 다음 버터를 넣어 섞는다. 무화과 콩포트 위에 가나슈를 붓고 30분 동안 냉장고에 넣어둔다.

셰프의 팁 : 콩포트보다 더 매끈한 텍스처를 원하면 무화과에 설탕, 레드 와인, 산딸기 퓌레를 넣고 끓인 후 믹서기로 간다.

그랑 크뤼 초콜릿 타르트
Tarte au chocolat grand cru

10인분
난이도 ★ ★
준비 시간 45분
냉장 시간 40분
굽는 시간 20~25분

파트 쉬크레
실온 버터 120g
슈거파우더 100g
소금 약간
달걀 1개
체에 친 밀가루 200g

그랑 크뤼 초콜릿 크렘 앙글레즈
달걀노른자 2개
설탕 40g
우유 130ml
생크림 120ml
다진 그랑 크뤼 초콜릿(카카오 함량
66%) 190g

타르트 틀에 반죽 깔기 p.94 참고

파트 쉬크레 : 실온 버터에 슈거파우더, 소금을 섞은 다음 달걀과 체에 친
밀가루를 넣어 가볍게 버무린다. 반죽을 공 모양으로 뭉쳐 약간 납작하게 만든다.
랩으로 싸서 냉장고에 30분 동안 둔다.

오븐은 180℃로 예열한다. 지름 24cm의 타르트 틀에 버터를 바른다. 작업대에
밀가루를 뿌린다. 파트 쉬크레 반죽을 밀대로 밀어 지름 30cm, 두께 3mm의 원형
시트를 만들어 틀에 얹어 성형한 다음 10분 동안 냉장고에 둔다.

틀보다 조금 큰 유산지를 시트 위에 놓고 마른 강낭콩(또는 쌀)을 올린다.
약간 노르스름하게 될 때까지 오븐에서 약 10분 동안 굽는다. 마른 강낭콩(또는
쌀)과 유산지를 빼내고 오븐 온도를 160℃로 낮춰 10~15분 동안 타르트 바닥이
노르스름해질 때까지 굽는다. 오븐에서 꺼내 식힘망에 둔다.

그랑 크뤼 초콜릿 크렘 앙글레즈 : 볼에 달걀노른자와 설탕을 넣고 색이 연해지고
농도가 진해질 때까지 섞는다. 냄비에 우유와 생크림을 끓여 세 번에 나누어
달걀노른자와 설탕 혼합물에 붓고 재빨리 섞는다. 냄비에 재료를 모두 다시
붓고 나무주걱으로 젓는다. 약한 불에 크림의 농도가 진해지고 나무주걱을 덮을
때까지 가열한다(크림이 끓지 않도록 주의할 것). 냄비를 불에서 내린 다음 크렘
앙글레즈를 다진 초콜릿 위에 붓는다. 초콜릿이 완전히 녹을 때까지 섞는다.
크림을 타르트에 부은 후 냉장고에 넣는다.

셰프의 팁 : 그랑 크뤼는 쿠바, 사오 토메, 베네수엘라와 같은 특정 지역에서 나오는 카카오
종류를 칭한다. 그랑 크뤼 대신에 카카오 함량 66% 이상의 초콜릿으로 대신할 수 있다.
과일 향을 더 강하게 하려면 크렘 앙글레즈를 붓기 전 타르트에 산딸기를 넣는다.

코코넛 초콜릿 타르트
Tarte au chocolat et à la noix de coco

8~10인분
난이도 ★ ★
준비 시간 1시간
굽는 시간 약 40분
냉장 시간 40시간

코코넛 파트 쉬크레
실온 버터 165g
슈거파우더 75g
아몬드 파우더 30g
코코넛 롱 30g
소금 약간
달걀 1개
체에 친 밀가루 175g

코코넛 가르니튀르
달걀흰자 3개
코코넛 롱 190g
설탕 170g
사과 콩포트 40g

초콜릿 크럼블
버터 50g
밀가루 35g
카카오 파우더(무가당) 15g
황설탕 50g
강판에 간 코코넛 50g
베이킹파우더 ½ 작은술(2.5g)

타르트 틀에 반죽 깔기 p. 94 참고

코코넛 파트 쉬크레 : 실온 버터, 슈거파우더, 아몬드 파우더, 코코넛 롱, 소금을 섞은 다음 달걀과 체에 친 밀가루를 넣어 가볍게 반죽한다. 반죽을 공모양으로 뭉쳐 약간 납작하게 만든다. 랩으로 씌우고 30분 동안 냉장고에서 휴지시킨다.

오븐은 180℃로 예열한다. 지름 22cm의 타르트 틀에 버터를 바른다. 작업대에 밀가루를 뿌린다. 코코넛 파트 쉬크레를 밀대로 밀어서 지름 27cm, 두께 3mm의 원형 시트를 만든다. 틀에 시트를 얹어 틀 옆면과 바닥을 잘 맞춰 성형한 후 10분 동안 냉장고에 넣어 휴지시킨다.

틀보다 약간 큰 유산지를 시트 위에 올려 놓은 다음 마른 강낭콩(또는 쌀)을 올려 살짝 노르스름해질 때까지 10분간 굽는다. 유산지와 강낭콩(쌀)을 빼내고 온도를 160℃로 낮춰 타르트 바닥을 8분 동안 더 구워 식힘망에 놓는다.

코코넛 가르니튀르 : 달걀흰자에 설탕을 넣어 거품을 올려 단단한 머랭을 만든 다음 스패튤러로 나머지 재료들과 섞는다. 타르트에 가르니튀르를 붓는다.

초콜릿 크럼블 : 커다란 볼에 크럼블 재료를 섞어서 모래입자와 같은 부슬부슬한 상태로 만든다. 코코넛 가르니튀르 위에 크럼블을 올린다.

타르트를 20분간 노르스름하게 구운 다음 식혀 8~10등분을 한다. 미지근하게 또는 차갑게 낸다.

초콜릿과 코리앤더 향 오렌지 타르트
Tarte au chocolat et à l'orange parfumée à la coriandre

10인분
난이도 ★ ★
준비 시간 약 1시간 45분
냉장 시간 40분
굽는 시간 20~25분

코리앤더 향 오렌지
물 150ml
설탕 150g
코리앤더 씨 25g
오렌지 슬라이스 1개분

파트 사블레
실온 버터 150g
체에 친 밀가루 250g
소금 약간
슈거파우더 95g
바닐라 설탕 8g
달걀 1개

초콜릿 크렘 앙글레즈
달걀노른자 3개
설탕 50g
우유 250ml
바닐라 빈 1개
다진 다크 초콜릿 275g

파트 사블레 만들기 p. 92 참고

코리앤더 향 오렌지 : 물과 설탕을 끓이다가 코리앤더 씨를 넣고 불에서 내린 후 5~10분 동안 우려낸다. 시럽을 고운 체에 거른다. 슬라이스한 오렌지를 시럽에 넣어 1시간 동안 천천히 약한 불에서 조린다.

파트 사블레 : 실온 버터, 체에 친 밀가루, 소금, 슈거파우더, 바닐라 설탕을 비벼가며 섞어 부슬부슬하게 만든다. 달걀을 넣고 섞은 다음 공 모양으로 뭉쳐 약간 납작하게 만든다. 랩으로 싸서 냉장고에 30분간 둔다.

오븐은 180℃로 예열한다. 지름 24cm의 타르트 틀에 버터를 바른다. 작업대에 밀가루를 뿌린다. 파트 사블레를 밀대로 밀어 지름 30cm, 두께 3mm의 원형 시트를 만든다. 시트를 틀에 얹어 틀 바닥과 옆면을 맞춰 성형한 뒤 냉장고에 10분간 둔다.

틀보다 약간 큰 유산지를 시트 위에 올려놓고 마른 강낭콩(또는 쌀)을 올려 오븐에서 약 10분 동안 노르스름해질 때까지 굽는다. 유산지와 강낭콩(또는 쌀)을 빼내고 오븐 온도를 160℃로 낮춘다. 타르트 바닥을 다시 10~15분 동안 노르스름하게 구워 식힘망에 올려 식힌다.

초콜릿 크렘 앙글레즈 : 볼에 달걀노른자와 설탕을 넣고 색이 연해지고 농도가 진해질 때까지 섞는다. 냄비에 우유와 바닐라 빈을 반으로 갈라 씨를 넣고 끓인다. 달걀노른자와 설탕 혼합물에 끓인 우유 ⅓을 붓고 재빨리 섞는다. 냄비에 재료를 모두 다시 붓고 나무주걱으로 젓는다. 약한 불에 크림의 농도가 진해지고 나무주걱을 덮을 때까지 가열한다(크림이 끓지 않도록 주의할 것). 냄비를 불에서 내린 다음 크렘 앙글레즈를 다진 초콜릿에 붓는다. 초콜릿이 완전히 녹을 때까지 섞는다. 크림을 구운 타르트 바닥에 부어 냉장고에 넣는다. 서브하기 전에 코리앤더 향의 오렌지를 시럽에서 건져 키친타월로 물기를 제거하고 타르트 위에 올린다.

캐러멜화 한 배 초콜릿 타르트
Tarte chocolat-poire-caramel

8∼10인분
난이도 ★ ★
준비 시간 1시간
냉장 시간 40분
굽는 시간 40분

초콜릿 파트 쉬크레
실온 버터 175g
슈거파우더 125g
달걀 1개
체에 친 밀가루 250g
체에 친 카카오 파우더(무가당) 20g

가르니튀르
다크 초콜릿 100g
생크림 200ml
잡화꿀 50g
달걀노른자 5개

캐러멜화한 배
배 통조림 850g
잡화꿀 50g
버터 20g

타르트 틀에 반죽 깔기 p. 94 참고

초콜릿 파트 쉬크레 : 실온 버터와 슈거파우더를 섞는다. 달걀, 체에 친 밀가루, 카카오 파우더를 첨가하여 섞는다. 반죽을 한 덩어리로 뭉쳐 약간 납작하게 만들고 랩을 씌워 30분 동안 냉장고에 둔다.

오븐은 180℃로 예열한다. 지름 22cm의 타르트 틀에 버터를 바른다. 작업대에 밀가루를 뿌린다. 초콜릿 파트 쉬크레를 밀대로 밀어 지름 27cm, 두께 3mm의 원형 시트를 만든다. 시트를 틀에 얹어 틀 바닥과 옆면을 맞춰 성형한 뒤 냉장고에 10분간 둔다.

틀보다 약간 큰 유산지를 시트 위에 올려놓고 마른 강낭콩(또는 쌀)을 올려 오븐에서 약 10분 동안 노르스름해질 때까지 굽는다. 유산지와 강낭콩(또는 쌀)을 빼내고 오븐 온도를 160℃로 낮춰 다시 오븐에 넣고 8분 동안 구워 식힘망에 놓고 식힌다.

오븐 온도를 140℃로 낮춘다.

가르니튀르 : 볼에 다진 다크 초콜릿을 넣는다. 꿀과 생크림을 섞어 끓인다. 달걀노른자는 거품기로 젓는다. 끓인 생크림과 꿀을 풀어 둔 달걀노른자 위에 부어 저은 다음 다진 초콜릿에 부어 섞는다.

캐러멜화한 배 : 배 통조림은 물기를 뺀다. 코팅한 팬에 배, 버터와 꿀을 넣고 강한 불에서 캐러멜화 한다. 도마에 올려 미지근하게 식으면 반달 모양으로 썬다.

타르트에 가르니튀르를 붓고 스패튤러를 사용해 캐러멜화한 배를 올린다. 140℃의 오븐에서 타르트를 20분간 구워 낸다.

초콜릿 프랄리네 타르트
Tarte au chocolat praliné

10~12인분
난이도 ★ ★
준비 시간 1시간
냉장 시간 1시간
굽는 시간 20~25분

아몬드 파트 사블레

실온 버터 100g
아몬드 파우더 20g
체에 친 밀가루 175g
소금 약간
슈거파우더 65g
바닐라 설탕 2g
달걀 1개

초콜릿 프랄리네 크림

다크 초콜릿 400g
생크림 400ml
프랄린 60g
바닐라 에센스 1~2방울
버터 90g

캐러멜화한 아몬드와 헤이즐넛

물 50ml
설탕 100g
통 아몬드 50g
통 헤이즐넛 50g
버터 10g

아몬드 파트 사블레 : 실온 버터, 아몬드 파우더, 체에 친 밀가루, 소금, 슈거파우더, 바닐라 설탕을 손으로 비벼가며 부슬부슬하게 만든다. 달걀을 넣고 섞은 다음 반죽을 한 덩어리로 뭉쳐 약간 납작하게 만든다. 랩으로 싸서 냉장고에 넣어 30분간 휴지 시킨다.

오븐은 180℃로 예열한다. 25×10cm의 직사각형 틀에 버터를 바른다. 반죽을 두께 3mm로 밀어 30×15cm의 직사각형으로 잘라 틀에 깐다. 냉장고에 10분간 넣어둔다.

시트를 유산지로 덮고 그 위에 마른 강낭콩(또는 쌀)을 올려 오븐에서 약 10분간 노르스름해지도록 굽는다. 유산지와 강낭콩(또는 쌀)을 빼내고 오븐 온도를 160℃로 낮춰 10~15분간 노릇하게 굽는다. 오븐에서 꺼내 식힘망에 옮겨 식힌다.

초콜릿 프랄리네 크림 : 볼에 초콜릿을 다져 넣는다. 생크림을 끓여 다진 초콜릿 위에 붓고 섞는다. 프랄린과 바닐라 에센스, 버터를 넣고 젓는다. 크림을 타르트에 붓고 냉장고에 20분 동안 둔다.

캐러멜화한 아몬드와 헤이즐넛 : 냄비에 물과 설탕을 끓인 다음 약 5분 동안 더 끓인다(설탕 공예용 온도계로 117℃까지). 불에서 내려 아몬드와 헤이즐넛을 넣고 잘 섞어 설탕이 결정화되어 견과류 표면이 하얗게 되도록 한다.
냄비를 약한 불에 올려놓고 설탕을 캐러멜화하고 이때 버터를 넣는다. 캐러멜화한 아몬드와 헤이즐넛을 유산지에 올려놓고 스패튤러로 펼쳐서 식힌다. 식으면 손으로 떼어내 서로 붙지 않게 하고 서브하기 전에 타르트에 골고루 올려 놓는다.

셰프의 팁 : 지름 26cm의 원형 틀을 사용해도 좋다. 반죽을 밀어 자르지 않고 틀에 얹어 성형한다.

캐러멜화한 견과류 초콜릿 크림 타르트
Tarte à la crème chocolat aux fruits secs caramélisés

8~10인분
난이도 ★ ★
준비 시간 1시간
냉장 시간 40분
굽는 시간 1시간 10분

파트 쉬크레
실온 버터 120g
슈거파우더 75g
소금 약간
아몬드 파우더 25g
달걀 1개
체에 친 밀가루 200g

초콜릿 크림
우유 200ml
카카오 파우더(무가당) 30g
초콜릿 20g
생크림 200ml
달걀노른자 4개분
설탕 120g

초콜릿 글라사주
생크림 60ml
설탕 10g
잡화 꿀 10g
다진 초콜릿 60g
버터 10g

캐러멜화한 견과류
물 10ml
설탕 35g
껍질을 벗긴 헤이즐넛 35g
껍질을 벗긴 아몬드 35g
버터 5g

파트 쉬크레 : 실온 버터와 슈거파우더, 소금, 아몬드 파우더를 섞는다. 달걀을 첨가하고 체에 친 밀가루를 넣어 가볍게 반죽한다. 반죽을 한 덩어리로 뭉쳐 납작하게 만든 다음 랩으로 싸서 냉장고에 30분 동안 넣어 휴지 시킨다.

오븐은 180℃로 예열한다. 지름 22cm의 타르트 틀에 버터를 바른다. 작업대에 밀가루를 뿌린다. 파트 쉬크레를 밀대로 밀어 지름 27cm, 두께 3mm의 원형 시트를 만든다. 시트를 틀에 얹어 성형하고 10분 동안 냉장고에 둔다.

틀보다 더 큰 유산지를 시트 위에 깔고 마른 강낭콩(또는 쌀)을 올려 약간 노르스름해질 때까지 약 10분간 오븐에서 굽는다. 강낭콩(또는 쌀)과 유산지를 빼내고 오븐 온도를 160℃로 낮춰 약 8분 동안 다시 굽는다. 오븐에서 꺼내 식힘망에 올려 식힌다.

초콜릿 크림 : 냄비에 우유, 카카오 파우더와 초콜릿을 넣어 끓이다가 생크림을 첨가하고 불에서 내린다. 볼에 달걀노른자와 설탕을 섞은 후 준비한 우유, 카카오 파우더, 초콜릿, 생크림에 섞는다. 타르트에 초콜릿 크림을 부어 160℃의 오븐에서 약 45분간 구운 후 식힌다.

초콜릿 글라사주 : 다진 초콜릿에 생크림, 설탕, 꿀을 섞어 데운 것을 붓고 초콜릿이 녹을 때까지 섞은 다음 버터를 넣는다.

캐러멜화한 견과류 : 물, 설탕을 끓인 후 약 5분 동안 더 끓인다(설탕 공예용 온도계로 117℃까지). 불에서 내려 헤이즐넛과 아몬드를 넣어 섞는다. 설탕이 결정화되어 견과류 표면이 하얗게 되면 냄비를 다시 약한 불에 올려놓고 캐러멜화한다. 버터를 첨가하고 유산지에 견과류를 펼쳐 식힌다.

타르트에 초콜릿 글라사주를 붓고, 캐러멜화한 헤이즐넛과 아몬드를 얹은 후 서브한다.

카카오 그뤼에 가나슈 사과 타르트
Tarte aux pommes sur ganache au grué de cacao

8인분
난이도 ★ ★
준비 시간 1시간
냉장 시간 1시간 40분
굽는 시간 약 40분

초콜릿 파트 브리제
체에 친 밀가루 125g
체에 친 카카오 파우더(무가당) 10g
설탕 50g
소금 약간
조각 낸 버터 75g
달걀노른자 1개
물 45ml
초콜릿 베르미셀 15g

카카오 그뤼에 가나슈
초콜릿(카카오 함량 66%) 100g
생크림 100ml
강판에 간 넛멕 약간
바닐라 에센스 1작은술
카카오 그뤼에 20~30g

캐러멜화한 과일
아오리 사과 2개
버터 30g
설탕 30g

데커레이션(선택)
카카오 그뤼에 또는 초콜릿 베르미셀

초콜릿 파트 브리제 : 체에 친 밀가루와 카카오 파우더, 설탕, 소금을 섞는다. 버터를 조각내서 넣고 손으로 비벼가며 부슬부슬하게 만든다. 가운데 홈을 내서 달걀노른자, 물을 넣고 가볍게 버무린다. 초콜릿 베르미셀을 첨가한다. 반죽을 한 덩어리로 뭉쳐 약간 납작하게 만든 다음 랩으로 싸서 30분 동안 냉장고에 넣어 휴지 시킨다.

오븐은 180℃로 예열한다. 지름 20cm의 타르트 틀에 버터를 바르고 작업대에 밀가루를 뿌린다. 초콜릿 파트 브리제를 밀대로 밀어 지름 25cm, 두께 3mm의 원형 시트를 만든다. 시트를 틀에 얹어 틀 옆면과 바닥을 잘 맞춰 성형하고 10분 동안 냉장고에 넣어 휴지 시킨다.

틀보다 큰 유산지를 시트 위에 깔고 마른 강낭콩(또는 쌀)을 올려 오븐에 약 10분 동안 굽는다. 유산지와 강낭콩(또는 쌀)을 빼내고 오븐 온도를 160℃로 낮춘 다음 타르트 바닥을 10~15분간 더 굽는다. 오븐에서 꺼내 식힘망에 올려 식힌다.

카카오 그뤼에 가나슈 : 초콜릿을 다져서 볼에 넣는다. 냄비에 생크림과 넛멕을 넣고 끓여서 다진 초콜릿 위에 붓는다. 바닐라 에센스와 카카오 그뤼에를 넣고 섞는다. 타르트에 가나슈를 붓고 타르트를 1시간 동안 냉장고에 넣는다.

캐러멜화한 과일 : 사과는 껍질을 벗기고 웨지 모양으로 자른다. 코팅한 팬에 버터와 설탕을 넣고 뜨겁게 한 다음 사과를 넣고 약한 불에서 10분 동안 부드러워질 때까지 익히다가 불을 좀더 세게 하여 캐러멜화한다. 미지근하게 식힌다.

스패튤러로 타르트에 캐러멜화한 사과를 올린다. 냉장고에 넣었다가 서브하기 약 30분 전에 꺼내 놓는다. 카카오 그뤼에 또는 초콜릿 베르미셀을 뿌린다.

초콜릿 드라제 타르트
Tarte aux dragées chocolatées

8인분
난이도 ★
준비 시간 40분
냉장 시간 1시간 10분
굽는 시간 20~25분

파트 쉬크레
실온 버터 120g
슈거 파우더 100g
소금 약간
달걀 1개
체에 친 밀가루 200g

가나슈
비터 초콜릿 100g
(카카오 함유량 55~70%)
생크림 100ml
초콜릿 볼(앰엔엠즈) 56g 2갑

기본 가나슈 만들기 p. 18 참고

파트 쉬크레 : 실온 버터, 슈거파우더, 소금을 섞는다. 달걀을 첨가하고 체에 친 밀가루를 넣어 섞는다. 반죽을 한 덩어리로 뭉쳐서 약간 납작하게 만든다. 랩으로 싸서 30분 동안 냉장고에 넣어 휴지 시킨다.

오븐은 180℃로 예열한다. 지름 20cm의 타르트 틀에 버터를 바른다. 작업대에 밀가루를 뿌린다. 파트 쉬크레를 밀대로 밀어 지름 25cm, 두께 3mm의 원형 시트를 만든다. 시트를 틀에 얹어 틀 옆면과 바닥을 맞춰 성형하고 10분 동안 냉장고에 넣어 휴지 시킨다.

틀보다 약간 큰 유산지를 시트 위에 깔고 마른 강낭콩(또는 쌀)을 올린다. 약간 노르스름하게 될 때까지 10분간 굽는다. 유산지와 강낭콩(쌀)을 빼내고 오븐 온도를 160℃로 낮춰 10~15분 동안 더 굽는다. 오븐에서 꺼내 식힘망에 올려 식힌다.

가나슈 : 초콜릿을 다져 볼에 넣는다. 생크림을 끓여서 다진 초콜릿에 부어 섞는다. 쉽게 바를 수 있는 질감이 되도록 가나슈를 휴지 시킨다. 타르트에 가나슈를 붓고 고루 펼친 다음 초콜릿 볼을 올린다. 서브하기 전 30분 동안 냉장고에 넣어 둔다.

초콜릿과 호두 타르틀레트
Tartelettes chocolat-noix

8인분
난이도 ★ ★
준비 시간 1시간 15분
굽는 시간 25~30분
냉장 시간 1시간 40분

초콜릿 파트 쉬크레
실온 버터 175g
슈거파우더 125g
소금 약간
달걀 1개
체에 친 밀가루 250g
체에 친 카카오 파우더 20g

호두 캐러멜
호두 200g
설탕 200g
잡화꿀 50g
버터 30g
생크림 170ml

타르틀레트 틀에 반죽 깔기
p. 95 참고

초콜릿 파트 쉬크레 : 실온 버터, 슈거파우더와 소금을 섞는다. 달걀을 첨가하고 체에 친 밀가루, 카카오 파우더를 넣고 섞는다. 반죽을 한 덩어리로 뭉쳐서 약간 납작하게 만든다. 랩으로 싸서 30분 동안 냉장고에 넣어 휴지 시킨다.

오븐은 180℃로 예열한다. 지름 8cm의 타르틀레트 틀 8개에 버터를 바른다. 작업대에 밀가루를 뿌린다. 초콜릿 파트 쉬크레를 3mm 두께로 민다. 지름 10cm의 원형 커터로 찍어 8개의 시트를 만든다. 타르틀레트 틀에 시트를 얹어 성형한 다음 포크로 구멍을 낸다. 10분 동안 냉장고에 넣는다.

오븐에서 약 20분간 굽는다. 식힘망에 올려 식힌다.

호두 캐러멜 : 180℃의 오븐에 굵게 다진 호두를 5~10분 동안 굽는다. 냄비에 설탕과 꿀을 넣고 완전히 녹인다. 불을 세게 하고 약 10분 동안 끓여 황금빛 캐러멜을 만든다(설탕 공예용 온도계로 170℃까지). 냄비를 불에서 내리고 버터를 첨가한 후 다시 불에 올린다. 따뜻하게 데운 생크림을 천천히 부어 더 이상 설탕이 끓지 않게 한다. 체에 캐러멜을 거르고 식힌다. 구운 호두를 넣어 섞고 미지근하게 식힌다.

숟가락으로 호두 캐러멜을 타르틀레트에 골고루 펼쳐 놓는다. 타르틀레트를 서브하기 전 1시간 동안 냉장고에 둔다.

셰프의 팁 : 맛이 강한 타르틀레트를 원할 경우 다진 호두에 피스타치오를 첨가해도 좋다.

누가틴을 곁들인 초콜릿 타르틀레트
Tartelettes au chocolat nougatine

12~14인분
난이도 ★ ★
준비 시간 1시간 30분
냉장 시간 1시간
굽는 시간 20분

아몬드 파트 쉬크레
실온 버터 120g
슈거파우더 75g
소금 약간
아몬드 파우더 25g
달걀 1개
체에 친 밀가루 200g

누가틴
아몬드 슬라이스 40g
설탕 75g
잡화꿀 30g

초콜릿 크렘 앙글레즈
생크림 300ml
달걀 3개
설탕 60g
다진 다크 초콜릿 120g
(카카오 함량 70%)

타르틀레트 틀에 반죽 깔기
p. 95 참고

아몬드 파트 쉬크레 : 실온 버터와 슈거파우더, 소금, 아몬드 파우더를 섞는다. 달걀을 첨가하고 체에 친 밀가루를 넣어 섞는다. 반죽을 한 덩어리로 뭉쳐서 납작하게 만든다. 랩으로 싸서 30분 동안 냉장고에 넣어 휴지 시킨다.

오븐은 180℃로 예열한다. 지름 8cm의 타르틀레트 틀 12~14개에 버터를 바른다. 작업대에 밀가루를 뿌린다. 아몬드 파트 쉬크레를 3mm 두께로 민다. 지름 10cm의 원형 커터로 찍어 12~14개의 시트를 만든다. 타르틀레트 틀에 시트를 얹어 성형한 다음 포크로 바닥에 구멍을 낸다. 10분 동안 냉장고에 넣어 휴지 시킨다.

오븐에서 20분간 노르스름하게 구워 식힘망에 올려 식힌다. 오븐 온도를 150℃로 낮춘다.

누가틴 : 오븐 팬에 유산지를 깔고 아몬드를 올려 놓는다. 옅은 갈색이 나도록 오븐에서 5분 동안 굽는다. 냄비에 설탕과 꿀을 넣어 설탕이 완전히 녹을 때까지 가열한다. 불을 좀더 세게 하고 약 10분 동안 끓여서(설탕 공예용 온도계로 170℃까지) 황금빛 캐러멜을 만든다. 캐러멜에 아몬드를 넣어 조심스럽게 섞는다. 오븐 팬에 실리콘 페이퍼를 깔고 누가틴을 부은 다음 실리콘 페이퍼로 덮는다. 누가틴을 밀대를 사용해 2mm 두께로 민 다음 식혀 푸드 프로세서에 넣어 입자가 굵게 간다.

초콜릿 크렘 앙글레즈 : 생크림을 끓인다. 달걀과 설탕을 거품기로 섞어서 색이 연하고 농도가 생기게 한다. 끓인 생크림을 달걀과 설탕 혼합물에 붓고 재빨리 섞은 다음 냄비에 모두 붓는다. 나무주걱으로 계속 저어가면서 크림이 걸쭉해지고 나무주걱을 덮는 텍스처가 될 때까지 약한 불로 가열한다. 불에서 내려 다진 초콜릿에 부어 초콜릿이 녹을 때까지 섞는다.

굵게 빻은 누가틴을 타르틀레트 틀에 ¾까지 채우고 초콜릿 크렘 앙글레즈를 붓는다. 크림이 굳도록 30분간 냉장한 후 누가틴을 뿌려 완성한다.

밤 타르틀레트
Tartelettes aux marrons

8인분
난이도 ★ ★
준비 시간 5분+1시간
냉장 시간 40분
굽는 시간 20분

바닐라 향 통조림 밤 16개
또는 마롱 글라세 16개

초콜릿 파트 사블레
실온 버터 80g
체에 친 밀가루 115g
체에 친 카카오 파우더(무가당) 10g
소금 약간
슈거파우더 80g
달걀 1개

밤 가나슈
다크 초콜릿 130g
생크림 50ml
밤크림 100g

데커레이션(선택)
다크 초콜릿 100g
설탕 50g

타르틀레트 틀에 바닥 깔기
 p. 95 참조

하루 전날 바닐라 시럽에 들어있는 밤을 건져서 적당한 크기로 자른다.

초콜릿 파트 사블레 준비 : 실온 버터, 체에 친 밀가루, 카카오 파우더, 소금, 슈거파우더를 비벼 가며 섞어 부슬부슬하게 만든다. 달걀을 넣고 가볍게 섞는다. 반죽을 한 덩어리로 뭉쳐서 약간 납작하게 만들고 랩으로 싸서 냉장고에 넣어 30분간 휴지 시킨다.

오븐은 180℃로 예열한다. 지름 8cm의 타르틀레트 틀 8개에 버터를 바르고 작업대에 밀가루를 뿌린다. 초콜릿 파트 사블레를 3mm 두께로 민 다음 지름 10cm의 원형 커터로 찍어 8개의 시트를 만든다. 타르틀레트 틀에 시트를 얹어 성형한 다음 포크로 바닥에 구멍을 내고 10분 동안 냉장고에 넣어 휴지 시킨다. 오븐에 넣어 약 20분간 구워 식힘망에 올려 식힌다.

밤 가나슈 : 초콜릿을 다져서 볼에 넣는다. 생크림과 밤크림을 끓인 다음 초콜릿에 부어 섞는다. 타르틀레트 바닥에 가나슈를 붓고 그 위에 통조림 밤 조각을 올려 실온에서 굳힌다. 미지근하게 식혀서 서브한다.

타르틀레트에 템퍼링한 다크 초콜릿과 설탕으로 장식할 수 있다. 초콜릿 장식을 위해서는 초콜릿을 결정화시켜 안전성이 좋은 상태로 만들기 위해 각 단계를 잘 지켜 템퍼링한다. 다크 초콜릿을 중탕으로 45℃(설탕 공예용 온도계 사용)로 녹이고, 27℃로 식힌 후 다시 30℃로 올린다. 유산지로 코르네(고깔 모양)를 만들어 템퍼링한 초콜릿을 채운다. 코르네 끝을 자르고 접시에 설탕을 펼쳐 놓고 취향대로 장식물을 짠다. 설탕 위의 초콜릿이 굳으면, 타르틀레트에 조심스레 올린다. 이 같은 방법으로 타르틀레트마다 장식한다.

초콜릿 수플레 타르틀레트
Tartelettes soufflées au chocolat

12인분
난이도 ★ ★
준비 시간 1시간 15분
냉장 시간 40분
굽는 시간 30분

파트 쉬크레
실온 버터 120g
슈거파우더 100g
소금 약간
달걀 1개
체에 친 밀가루 200g

초콜릿 크렘 파티시에르
카카오 파우더(무가당) 20g
물 50ml
우유 200ml
달걀노른자 2개
설탕 60g
밀가루 20g
달걀노른자 1개

달걀흰자 3개

타르틀레트 틀에 반죽 깔기
p. 95 참고

파트 쉬크레 : 실온 버터와 슈거파우더, 소금을 섞는다. 달걀을 첨가하고 체에 친 밀가루를 넣어 섞는다. 반죽을 한 덩어리로 뭉친 다음 약간 납작하게 만든다. 랩으로 싸서 냉장고에 넣어 30분간 휴지 시킨다.

오븐은 180℃로 예열한다. 지름 8cm의 타르틀레트 틀 12개에 버터를 바른다. 작업대에 밀가루를 뿌린다. 파트 쉬크레를 약 3mm 두께가 되도록 민 다음 지름 10cm의 원형 커터로 찍어 12개의 시트를 만든다. 타르틀레트 틀에 시트를 얹어 성형한 다음 포크로 바닥에 구멍을 내고 10분 동안 냉장고에 넣어 휴지 시킨다.

예열한 오븐에 넣어 약간 노르스름해질 때까지 약 15분간 구워 식힌 다음 틀에서 꺼내 놓는다.

초콜릿 크렘 파티시에르 : 냄비에 물과 카카오 파우더를 섞어 놓는다. 우유를 첨가하여 끓인다. 불에서 내린다. 볼에 달걀노른자와 설탕을 넣고 색이 연해지고 농도가 진해질 때까지 섞고 밀가루를 넣는다. 그 위에 뜨거운 우유 절반을 붓고 잘 섞는다. 나머지 우유 절반도 넣어 섞고 다시 냄비에 모두 붓는다. 나무주걱으로 계속해서 저어가며 천천히 익혀 걸쭉한 크림이 되게 한다. 1분 동안 더 끓이고 계속 휘젓는다. 미지근하게 한 다음 달걀노른자를 첨가한다. 크렘 파티시에르를 볼에 붓고 랩으로 표면이 닿도록 덮어 놓는다.

오븐은 180℃로 예열한다. 달걀흰자를 단단해질 때까지 거품을 올린 다음 크렘 파티시에르에 섞는다. 타르틀레트의 ⅔까지 내용물을 넣는다. 오븐에서 약 15분간 구워서 수플레가 잘 부풀게 한다.

셰프의 팁 : 타르틀레트는 피스타치오 크림 앙글레즈와 잘 어울린다. 212쪽을 참고하여 크림 앙글레즈를 준비한다. 이때 바닐라 빈은 넣지 않고 냄비에 내용물을 다시 넣은 후 피스타치오 페이스트 20g를 첨가한다.

초콜릿과 헤이즐넛 수플레 타르틀레트
Tartelettes soufflées au chocolat et aux noisettes

10인분
난이도 ★ ★
준비 시간 1시간 15분
냉장 시간 40분
굽는 시간 약 30분

헤이즐넛 파트 쉬크레
실온 버터 100g
슈거파우더 40g
소금 약간
바닐라 설탕 2g
달걀 1개
체에 친 밀가루 200g
체에 친 헤이즐넛 파우더 40g

초콜릿 크렘 파티시에르
카카오 파우더(무가당) 25g
물 50ml
우유 200ml
달걀노른자 3개
설탕 15g
밀가루 20g
헤이즐넛 리큐르 1큰술

달걀흰자 3개
설탕 50g

데커레이션
슈거파우더

헤이즐넛 파트 쉬크레 : 실온 버터와 슈거파우더, 소금, 바닐라 설탕을 섞는다. 달걀을 첨가하고 체에 친 밀가루, 헤이즐넛 파우더를 넣어 가볍게 섞는다. 반죽을 한 덩어리로 뭉친 다음 약간 납작하게 만든다. 랩으로 싸서 30분 동안 냉장고에 넣어 휴지 시킨다.

오븐은 180℃로 예열한다. 지름 8cm의 타르틀레트 틀 10개에 버터를 바른다. 작업대에 밀가루를 뿌린다. 헤이즐넛 파트 쉬크레를 3mm 두께로 민 다음 지름 10cm의 원형 커터로 찍어 10개의 시트를 만든다. 타르틀레트 틀에 각각의 시트를 얹어 성형한 후 포크로 구멍을 내고 10분 동안 냉장고에 넣어 휴지 시킨다.

오븐에서 15분간 노릇하게 굽는다. 식힌 후 틀에서 꺼내 놓는다.

초콜릿 크렘 파티시에르 : 냄비에 물과 카카오 파우더를 섞은 다음 우유를 넣어 끓인다. 냄비를 불에서 내린다. 볼에 달걀노른자와 설탕을 넣고 색이 연해지고 농도가 진해질 때까지 섞고 밀가루를 넣는다. 그 위에 뜨거운 우유 절반을 붓고 잘 섞는다. 나머지 우유 절반도 넣어 섞고 다시 모두 냄비에 붓는다. 나무주걱으로 계속해서 저어가며 천천히 익혀 걸쭉한 크림이 되게 한다. 1분 동안 더 끓이고 계속 휘젓는다. 크렘 파티시에르를 볼에 붓고 랩으로 표면이 닿도록 덮는다. 식으면 헤이즐넛 리큐르를 넣는다.

오븐은 180℃로 예열한다. 달걀흰자를 무스 상태로 거품을 낸다. 설탕 ⅓을 조금씩 넣어 달걀흰자가 매끈하고 광택이 나도록 계속해서 거품을 올린다. 나머지 설탕을 조심스럽게 붓고 달걀흰자가 단단해질 때까지 거품을 올린다. 초콜릿 크렘 파티시에르에 거품 올린 달걀흰자를 섞는다. 이것을 타르틀레트의 ⅔까지 내용물을 넣고 오븐에서 약 15분간 구워 수플레가 잘 부풀게 한 다음 슈거파우더를 뿌려서 완성한다.

Délices de mousse, délices de crème

부드러운 무스와 크림

초콜릿 머랭
만들기

**여기에 제시된 초콜릿 머랭 만드는 방법을 레시피에 따라
알맞게 적용한다(p.174 참고).**

① 볼에 달걀 흰자 4개를 넣고 무스 상태로 거품을 낸다.
설탕 ⅓(40g)을 조금씩 나누어 넣고 달걀흰자가 광택이
날 정도로 계속 거품을 낸다.

② 나머지 설탕 ⅔(80g)도 조금씩 나누어가며 넣어
단단하게 거품을 올려 거품기로 들어올렸을 때 새 부리
모양이 나오도록 한다.

③ 여기에 체에 친 슈거파우더 100g과 카카오 파우더
20g을 조심스럽게 섞는다. 나무주걱으로 볼 중심에서
가장자리로 떠올리듯 섞는다. 부드럽게 광택이 날 정도로
섞는다.

수플레 용기
준비하기

만들고자 하는 레시피에 따른 수플레 반죽을 준비한다
(p.198~206참고). 다음의 동작은 일인용 수플레 용기
또는 하나의 큰 수플레 용기 모두에 해당하는 방법이다.

① 붓으로 수플레 용기에 버터를 바른다. 용기 안쪽에
설탕을 골고루 뿌린다. 용기를 뒤집어 여분의 설탕을
털어낸다.

② 수플레 반죽을 용기 가장자리까지 가득 담고
스패튤러로 윗면을 고르게 정리한다.

③ 엄지로 용기 윗면 가장자리를 훑어 반죽과 용기
사이에 5mm 정도의 여분을 만든다. 이렇게 하면 나중에
수플레가 쉽게 부푼다. 오븐에서 선택한 레시피에 따라
주어진 시간에 맞추어 굽는다.

초콜릿 샤를로트
Charlotte au chocolat

10~12인분
난이도 ★ ★
준비 시간 1시간 30분
굽는 시간 8분
냉장 시간 1시간

비스퀴 퀴이예르
달걀 4개
설탕 120g
체에 친 밀가루 120g
슈거파우더 약간

초콜릿 바바루아
판 젤라틴 3장
우유 170ml
생크림 500ml
설탕 60g
달걀노른자 6개
다진 초콜릿 200g

데커레이션(선택)
초콜릿 코포 p. 215 참고

오븐을 180℃로 예열한다. 지름 22cm의 원형틀을 준비한다. 오븐 팬에 유산지를 깔고 지름 22cm 크기의 원을 그린다.

비스퀴 퀴이예르 : 달걀은 노른자와 흰자를 분리한다. 노른자에 설탕 ½을 넣고 하얗게 무스 상태로 거품을 올린다. 흰자에 나머지 설탕 ½을 넣고 단단하게 거품을 낸다. 여기에 설탕과 함께 거품을 낸 노른자를 넣어 가볍게 젓고, 체에 친 밀가루를 넣고 살살 섞어 반죽을 만든다. 원형 깍지를 끼운 짜주머니에 반죽을 채워 미리 그려둔 원의 중심부터 나선으로 둥글게 돌려 짠다. 가장자리 1cm 정도는 남겨둔다. 남은 반죽으로 틀 높이와 같은 길이의 막대모양을 짠다. 이때 막대와 막대 사이가 살짝 붙어 띠가 되도록 한다. 슈거파우더를 두 번 뿌리고, 오븐에서 연한 갈색이 날 때까지 8분간 굽는다. 식으면 유산지를 떼어낸다.

초콜릿 바바루아 : 젤라틴을 찬물에 담가둔다. 냄비에 우유와 생크림 170ml, 설탕 ½을 함께 넣어 끓인다. 나머지 설탕과 달걀노른자를 무스 상태가 되도록 저은 후, 여기에 끓인 우유, 생크림, 설탕을 두 번에 걸쳐 나눠 넣으며 힘있게 섞는다. 이를 다시 냄비에 모두 붓는다. 약한 불에서 계속 저으며 익히다가 주걱으로 떠서 손가락으로 줄을 그어 자국이 지워지지 않을 때까지 익힌다. 불에서 내려 물기를 제거한 젤라틴을 넣는다. 체에 거른 다음 다진 초콜릿이 든 볼에 부어 잘 섞은 후 초콜릿이 녹으면 얼음을 채운 그릇 위에 볼을 얹어둔다. 남은 생크림은 단단하게 휘핑한다. 초콜릿 크림이 굳기 시작하면, 여기에 휘핑한 생크림을 섞는다.

띠 모양의 비스퀴를 원형틀 높이에 맞게 자른다. 틀 바닥에 원형으로 구운 비스퀴를 넣고, 띠모양의 비스퀴는 볼록한 면이 바깥쪽을 향하게, 막대의 둥근 쪽은 위를 향하게 하여 틀에 두른다. 바바루아를 ¾ 정도 붓고 1시간 냉장한다. 틀에서 빼고 초콜릿 코포로 장식한다.

초콜릿 크렘 브륄레
Crème brûlée au chocolat

6인분
난이도 ★
준비 시간 10분
굽는 시간 25분
냉장 시간 1시간

달걀노른자 4개
설탕 50g
우유 125ml
생크림 125ml
다진 다크 초콜릿 100g

데커레이션
설탕

오븐을 95℃로 예열한다.

큰 볼에 달걀노른자와 설탕 40g을 넣고 밝은 색의 무스 상태가 되도록 섞는다.

냄비에 남은 설탕과 우유, 생크림을 넣고 끓이다가 다진 초콜릿을 넣고 젓는다. 골고루 섞이면, 이를 설탕과 함께 거품을 낸 달걀노른자에 조심스럽게 부으면서 잘 젓는다. 크렘 브륄레 용기 6개에 각각 ¾ 정도씩 채운다.

오븐에서 25분간 크림이 흐르지 않을 정도로 구운 다음 꺼내 식힌 후 1시간 동안 냉장한다.

설탕을 뿌린다. 그릴 오븐이 충분히 뜨거워지면 크렘 브륄레를 넣어 가볍게 캐러멜화한다. 식혀두었다가 서브한다.

셰프의 팁 : 크림을 캐러멜화하거나 그라탱처럼 표면을 그을릴 때에는 최대한 열원에 가깝게 넣는다.

화이트 초콜릿 크렘 브륄레
Crème brûlée au chocolat blanc

6인분
난이도 ★
준비 시간 30분 + 5분
향 우려내는 시간 1시간
냉장 시간 하룻밤

더블 크림 400ml
바닐라 빈 1개
화이트 초콜릿 130g
달걀노른자 6개
황설탕 80g

냄비에 크림을 넣고 바닐라 빈은 세로로 갈라 칼끝으로 씨를 긁어 깍지와 함께 넣어 불에 올려 끓인다. 불에서 내려 1시간 정도 향을 우려낸다.

화이트 초콜릿은 다져 중탕으로 녹인 다음 내려 놓는다. 달걀노른자를 첨가하고 바닐라 향을 우려낸 크림을 섞는다. 이를 모두 냄비에 넣고 약한 불에서 나무주걱으로 저어가며 익힌다. 크림이 되직해지면서 나무주걱으로 떠서 손가락으로 줄을 그어 자국이 지워지지 않을 때까지 익힌다(이때 크림이 끓지 않도록 주의). 체에 거르고 지름 8cm, 높이 4cm의 용기 6개에 골고루 나눠 담는다. 화이트 초콜릿 크림이 식으면 하룻밤 냉장한다.

화이트 초콜릿 크림에 황설탕을 뿌려 뜨겁게 달군 오븐 그릴에 놓고 캐러멜화 한다. 곧바로 서브한다.

초콜릿 크림, 후추 샹티이, 얇은 판 캐러멜
Crème chocolat, Chantilly au poivre, fines feuilles de caramel

12~15인분
난이도 ★ ★ ★
준비 시간 1시간
냉장 시간 30분

초콜릿 크렘 앙글레즈
다크 초콜릿 220g
판 젤라틴 2장
달걀노른자 5개
설탕 60g
우유 250ml
생크림 250ml
바닐라 빈 1개

얇은 판 캐러멜
설탕 250g
잡화꿀 150g

후추 샹티이
생크림 200ml
간 후추 약간
슈거파우더 20g

초콜릿 크렘 앙글레즈 : 볼에 초콜릿을 다져 넣고 젤라틴은 찬물에 담가둔다. 다른 볼에 달걀노른자와 설탕을 넣고 밝은 색이 나며 되직해질 때까지 거품기로 섞는다. 냄비에 우유와 생크림을 넣고, 바닐라 빈은 세로로 갈라 칼끝으로 씨를 긁어 깍지와 함께 넣어 불에 올린다. 끓으면 ⅓을 설탕을 섞어 거품을 낸 달걀노른자에 부어 거품기로 힘있게 섞는다. 이 모두를 다시 냄비에 붓고 약한 불에 올려 나무주걱으로 저어주며 익힌다. 크림이 되직해지면서 주걱으로 떠서 손가락으로 줄을 그었을 때 자국이 지워지지 않으면 완성(이때 크림이 끓지 않도록 주의). 불에서 내려 바닐라 빈 깍지를 꺼낸다. 크렘 앙글레즈에 물기를 최대한 제거한 젤라틴을 넣는다. 이를 다진 초콜릿에 붓고 주걱으로 조심스럽게 섞는다. 12~15개의 유리잔에 나누어 담고 30분간 냉장한다.

얇은 판 캐러멜 : 냄비에 설탕과 꿀을 넣고 설탕이 녹을 때까지 데운다. 캐러멜이 연한 갈색을 띠도록 센불에서 약 10분간 끓인다. 실리콘 시트나 기름칠한 오븐 팬 위에 나무주걱을 이용하여 얇게 편 다음 굳으면 큼직한 조각으로 부순다.

후추 샹티이 : 생크림에 후추를 넣고 되직해질 정도로 거품을 내다가 슈거파우더를 넣고 거품이 각이 서도록 단단하게 휘핑한다. 원형 깍지를 끼운 짜주머니에 샹티이를 넣는다. 초콜릿 크림이 있는 유리잔에 샹티이를 짜고 얇은 판 캐러멜을 꽂는다.

셰프의 팁 : 샹티이에 강하고 매운 맛을 주며 초콜릿과도 아주 잘 어울리는 다양한 종류의 후추가 있다(예 : 사라왁 후추, 사천 후추, 쿠베바 후추). 향을 잘 살리려면 마지막에 갈아 넣는다.

아이리시 커피 크림
Crème à l'Irish coffee

4인분
난이도 ★
준비 시간 25분
냉장 시간 30분

가나슈
다크 초콜릿 200g
(카카오 함량 55~70%)
더블 크림 200ml
설탕 2큰술
위스키 2큰술

커피 크림
생크림 200ml
체에 친 슈거파우더 45g
커피 에센스 1큰술

데커레이션
카카오 파우더(무가당)

가나슈 : 초콜릿을 다져 볼에 담는다. 크림과 설탕을 끓여 초콜릿 위에 바로 부어 매끄러운 상태가 되도록 잘 섞은 다음 위스키를 넣는다. 이 가나슈를 15분간 냉장한 후 150ml의 유리잔 4개에 나누어 담아 다시 냉장한다.

커피 크림 : 생크림에 슈거파우더를 넣고 거품기로 들어 올렸을 때 흐르지 않을 때까지 휘핑한 후 커피 에센스를 넣는다. 별모양 깍지를 끼운 짜주머니에 크림을 담는다.

냉장고에서 잔을 꺼내어 가나슈 위에 커피 크림을 짜고 카카오 파우더를 뿌려 완성한다.

셰프의 팁 : 커피 에센스 대용으로 뜨거운 물 1작은술에 인스턴트 커피 1큰술을 녹여 사용할 수 있다.

옛날 방식의 크렘 수플레
Crème soufflée à l'ancienne

4인분
난이도 ★
준비 시간 15~20분
굽는 시간 7~8분

다크 초콜릿 100g
(카카오 함량 55~70%)
버터 60g
체에 친 카카오 파우더(무가당) 30g
달걀노른자 2개
달걀흰자 3개
설탕 50g
슈거파우더 약간

오븐을 200℃로 예열한다. 지름 14cm(또는 160ml 용량)의 작은 그라탱 용기 4개를 준비하여 버터를 바르고 설탕을 뿌려둔다.

초콜릿을 다져 중탕으로 녹인 다음 버터를 첨가해 섞고 체에 친 카카오 파우더를 넣어 잘 섞는다. 중탕에서 내려 미지근하게 식으면 달걀노른자를 넣는다. 달걀흰자를 무스 상태로 거품을 낸 다음 설탕 ⅓을 조금씩 넣어가며 계속 거품을 낸다. 매끈하고 광택이 나면 남은 설탕을 넣고 단단하게 거품을 올려 머랭을 만든다.

머랭을 3회에 나누어 조심스럽게 초콜릿 혼합물에 섞는다. 작은 그라탱 용기에 나누어 담고 오븐에서 7~8분간 굽는다. 오븐에서 꺼내자마자 슈거파우더를 뿌리고 바로 서브한다.

셰프의 팁 : 달걀흰자는 실온에 두어야 거품 내기가 훨씬 수월하다.

2종류 무스 테린
Deux mousses en terrine

10~12인분
난이도 ★ ★
준비 시간 1시간 30분
굽는 시간 8분
냉장 시간 2시간
(또는 냉동 1시간)

초콜릿 제누아즈
버터 20g
달걀 4개
설탕 125g
체에 친 밀가루 90g
체에 친 카카오 파우더(무가당) 30g

밀크 초콜릿 무스
밀크 초콜릿 100g
생크림 200ml
달걀노른자 2개
물 30ml
설탕 20g(1½큰술)

다크 초콜릿 무스
다크 초콜릿 150g
생크림 300ml
달걀노른자 2개
물 40ml
설탕 30g(2큰술)

오븐을 200℃로 예열한다. 가장자리가 올라와 있는 30×38cm 크기의 오븐 팬에 유산지를 깔아 준비한다.

초콜릿 제누아즈 : 냄비에 버터를 녹인다. 달걀과 설탕은 중탕으로 데우면서 5~8분간 거품을 올려 하얗고 되직한 리본 텍스처가 되도록 한다 : 거품기로 반죽을 들어 올렸을 때 끊기지 않고 리본 모양으로 흘러내리는 상태. 중탕에서 내려 스탠드 믹서를 이용하여 최대 속도로 거품을 올리며 식힌다. 체에 친 밀가루와 카카오 파우더를 2~3회에 나누어 넣은 다음 미지근하게 녹인 버터를 넣고 재빨리 조심스럽게 섞는다. 오븐 팬에 반죽을 부어 스패튤러를 이용하여 고르게 펴고 오븐에서 8분 동안 굽는다. 손으로 제누아즈를 만졌을 때 폭신하고 유산지가 수월하게 떨어지면 잘 된 것이다. 제누아즈를 유산지와 함께 식힘망에 옮긴다. 다른 식힘망을 위에 올리고 제누아즈를 뒤집어 위로 올라 온 식힘망을 치우고 식힌다. 유산지를 떼어내고 제누아즈를 조각으로 잘라 25×10cm 크기의 테린 틀에 전체적으로 깐다. 이때 제누아즈의 윗면이 틀에 닿도록 놓는다. 마지막에 얹을 제누아즈도 테린 틀 크기에 맞게 잘라둔다.

밀크 초콜릿 무스 : 초콜릿을 다져 중탕으로 녹인다. 생크림은 거품을 단단하게 올려 냉장고에 넣어둔다. 볼에 달걀노른자를 넣고 밝은 색이 날 때까지 거품을 올린다. 냄비에 물과 설탕을 넣고 불에 올려 끓기 시작하면 2분 정도 더 둔다. 거품을 낸 달걀노른자를 계속 저으며 시럽을 조심스럽게 부어, 되직해지면서 식을 때까지 거품을 올린다. 녹인 초콜릿을 조금씩 부어 고무주걱으로 잘 섞고 휘핑한 생크림도 섞는다.

다크 초콜릿 무스 : 밀크 초콜릿 대신 다크 초콜릿을 사용하여 위와 같은 방법으로 만든다.

제누아즈를 깔아 준비해 둔 테린 틀에 밀크 초콜릿 무스를 붓고 숟가락의 볼록한 부분을 이용하여 윗면을 고르게 정리한다. 그 위에 다크 초콜릿 무스를 붓고 크기에 맞게 잘라놓은 제누아즈를 위에 얹어 2시간 동안 냉장한다(또는 냉동 1시간). 이 디저트는 차갑게 먹는다.

커피와 초콜릿 앙트르메
Entremets café-chocolat

6~8인분
난이도 ★ ★
준비 시간 1시간
굽는 시간 15분
냉장 시간 2시간

진한 다크 초콜릿 비스퀴
다크 초콜릿 50g(카카오 함량 70%)
실온 버터 50g
달걀노른자 2개
달걀흰자 2개
설탕 20g
체에 친 밀가루 25g

커피 시럽
물 50ml
설탕 40g
커피 1작은술(5g)

커피 무스
다크 초콜릿 85g(카카오 함량 55%)
생크림 175ml
달걀노른자 3개
설탕 40g
커피 에센스 20g

글라사주
다크 초콜릿 50g
생크림 75ml
잡화꿀 15g

데커레이션(선택)
커피 원두

오븐을 180℃로 예열한다. 오븐 팬에 유산지를 깐다. 18×18cm의 사각틀에 버터를 발라 오븐 팬 위에 놓는다.

진한 다크 초콜릿 비스퀴 : 초콜릿을 다져 중탕으로 녹인다. 중탕에서 내려 버터를 넣어 섞고 달걀노른자를 섞는다. 달걀흰자에 설탕을 넣고 단단하게 거품을 올려 초콜릿 혼합물에 조심스럽게 섞은 후 밀가루를 섞는다. 준비한 틀에 반죽을 모두 붓고 오븐에서 15분간 구워 틀에서 꺼내지 않은 채로 비스퀴를 식힌다.

커피 시럽 : 냄비에 물, 설탕, 커피를 넣어 끓인 후 식힌다.

커피 무스 : 초콜릿을 잘게 다져 중탕으로 녹인 후 미지근하게 식힌다. 생크림은 단단하게 휘핑한 후 냉장한다. 볼에 달걀노른자와 설탕을 넣어 하얗고 되직하게 거품을 낸 후 커피 에센스를 넣는다. 초콜릿을 조금씩 넣어가며 고무주걱을 이용해 잘 섞은 다음 생크림도 섞는다. 초콜릿 비스퀴에 커피 시럽을 적신다. 그 위에 커피 무스를 틀 높이까지 붓고 스패튤러를 이용해 윗면을 매끈하게 정리한 다음 1시간 동안 냉장한다.

글라사주 : 초콜릿을 잘게 다져 볼에 담는다. 냄비에 생크림과 꿀을 넣고 끓여 초콜릿에 붓고 잘 섞는다.

냉장고에서 앙트르메를 꺼내어 글라사주를 스패튤러로 잘 펴바른다. 다시 1시간 정도 냉장하여 글라사주를 굳히고 틀에서 꺼낸다. 앙트르메를 커피 원두로 장식해도 좋다.

화이트 초콜릿과 블러드 오렌지 앙트르메
Entremets chocolat blanc et orange sanguine

6~8인분
난이도 ★ ★ ★
준비 시간 1시간 30분
굽는 시간 15분
냉장 시간 4시간

밀가루 없는 초콜릿 비스퀴
달걀흰자 2개
설탕 80g
달걀노른자 2개
카카오 파우더 25g

오렌지 시럽
물 75ml
설탕 75g
블러드 오렌지주스 150ml

오렌지 무스
판 젤라틴 2장
생크림 300ml
과육이 있는 블러드 오렌지주스 150ml
설탕 15g

화이트 초콜릿 무스
화이트 초콜릿 100g
생크림 200ml

데커레이션
나파주(선택, p. 98를 참고하고 양은 2배로 한다)
블러드 오렌지 3조각

오븐을 180℃로 예열한다. 38×30cm 크기의 오븐 팬에 유산지를 깐다.

밀가루 없는 초콜릿 비스퀴 : 달걀흰자를 무스 상태로 거품을 낸다. 설탕 ⅓을 조금씩 넣어가며 계속 휘핑하다가 매끈하고 광택이 나면 남은 설탕을 조심스럽게 넣고 단단하게 거품을 올려준다. 달걀노른자와 카카오 파우더를 차례로 넣어 조심스럽게 섞는다. 오븐 팬에 반죽을 잘 펴고 오븐에서 15분간 굽는다. 지름 18cm 원형틀로 비스퀴 2장을 찍어 내고 남은 비스퀴도 따로 둔다.

오렌지 시럽 : 물과 설탕을 끓여 불에서 내리고 블러드 오렌지주스를 섞는다.

오렌지 무스 : 젤라틴을 찬물에 담가 둔다. 생크림은 단단하게 거품을 올린다. 냄비에 블러드 오렌지주스 ⅓을 넣고 뜨겁게 데운 후 불에서 내린다. 최대한 물기를 뺀 젤라틴을 설탕과 함께 뜨거운 오렌지주스에 넣는다. 재료가 다 녹을 때까지 잘 섞는다. 남아있는 오렌지주스와 휘핑한 생크림 ⅓을 넣어 섞은 다음 나머지 휘핑한 생크림도 넣는다.

화이트 초콜릿 무스 : 초콜릿을 다져 중탕으로 녹인다. 생크림은 단단하게 거품을 올린다. 초콜릿을 중탕에서 내려 휘핑한 생크림을 조금 넣어 섞은 후 나머지 휘핑한 생크림을 모두 넣어 조심스럽게 섞는다.

오븐 팬에 유산지를 깔고 원형틀을 얹는다. 틀 바닥에 원형 비스퀴 1장을 넣는다. 비스퀴를 오렌지 시럽으로 적시고 그 위에 3cm 높이로 오렌지 무스를 펴준다. 남아있는 한 장의 원형 비스퀴를 위에 얹고 같은 방법으로 화이트 초콜릿 무스를 넣는다. 스패튤러로 윗면을 매끄럽게 정리하고 4시간 동안 냉장한다. 원하면 나파주를 바르고 장식으로 오렌지 3조각을 올린다. 틀에서 꺼내고 남은 비스퀴를 작은 조각으로 잘라 앙트르메 밑부분에 붙인다.

모가도르 앙트르메
Entremets Mogador

10인분
난이도 ★ ★ ★
준비 시간 1시간
굽는 시간 35분

산딸기 초콜릿 비스퀴
다크 초콜릿 100g
버터 100g
달걀노른자 4개
달걀흰자 4개
설탕 40g
체에 친 밀가루 50g
냉동 산딸기 100g

산딸기 시럽
물 50ml
설탕 50g
산딸기 술 2큰술

다크 초콜릿 무스
다크 초콜릿 75g(카카오 함량 55%)
생크림 200ml
달걀노른자 3개
물 25ml
설탕 50g

데커레이션
산딸기 잼 100g
산딸기 125g
초콜릿 코포 100g p. 215 참고

오븐을 165℃로 예열한다. 오븐 팬에 유산지를 깔아둔다. 지름 22cm의 원형틀에 버터를 발라 오븐 팬 위에 얹는다.

산딸기 초콜릿 비스퀴 : 초콜릿을 중탕으로 녹인 다음 버터를 넣고 달걀노른자를 섞는다. 한쪽에서는 달걀흰자를 무스 상태로 거품을 낸다. 설탕 ⅓을 조금씩 넣어가며 계속 거품을 내다가 매끈하고 광택이 나면 남은 설탕을 조심스럽게 넣고 단단하게 거품을 올려 머랭을 만든다. 이를 초콜릿 혼합물에 3회에 나누어 조심스럽게 섞고 체에 친 밀가루를 넣는다. 틀에 반죽을 붓고 산딸기를 올려 오븐에서 35분간 굽는다. 비스퀴는 틀에서 빼내지 않은 채로 식힌다.

산딸기 시럽 : 냄비에 물과 설탕을 넣어 끓인다. 시럽이 식으면 산딸기 술을 넣는다.

다크 초콜릿 무스 : 초콜릿을 다져 중탕으로 녹인다. 생크림은 단단하게 휘핑하여 냉장한다. 달걀노른자는 밝은 색이 날 때까지 거품을 낸다. 냄비에 물과 설탕을 넣고 불에 올려 끓기 시작하면 2분 정도 더 끓인다. 거품을 낸 달걀노른자를 계속 저어가며 산딸기 시럽을 조심스럽게 붓고 되직해지면서 식을 때까지 거품을 올린다. 고무주걱으로 녹인 초콜릿을 조금씩 넣어 섞고 휘핑한 생크림을 섞는다. 원형 깍지를 끼운 짜주머니에 무스를 채운다.

산딸기 초콜릿 비스퀴를 접시에 올리고 틀을 뺀다. 비스퀴를 산딸기 시럽으로 적시고 그 위에 산딸기 잼을 바른다. 짜주머니에 담긴 초콜릿 무스를 작은 구슬 모양으로 서로 붙게 짜서 피라미드 모양이 되도록 한다. 무스 위에는 산딸기를 고르게 올리고 초콜릿 코포로 장식한다.

세몰리나 앙트르메
Entremets à la semoule

8~10인분
난이도 ★
준비 시간 30분
향 우려내는 시간 30분
굽는 시간 20분
냉장 시간 하룻밤

우유 600ml
바닐라 빈 1개
세몰리나 50g
설탕 50g
잘게 다진 다크 초콜릿 225g
럼 4큰술
마스카르포네 225g

데커레이션
딸기
마스카르포네

냄비에 우유와 바닐라 빈(세로로 갈라 칼끝으로 씨를 긁어 깍지와 함께 사용)을 넣어 불에 올려 끓인다. 불에서 내려 향이 우러나도록 30분 동안 둔다.

바닐라 빈을 꺼내고 다시 한 번 우유를 끓인 후 불에서 내려 우유를 저으며 세몰리나를 조금씩 나누어 넣는다. 설탕을 넣고 계속 저으며 끓이다가 끓기 시작하면 약한 불로 줄여 20분간 익힌다. 중간에 세몰리나가 눌어붙지 않도록 계속해서 젓는다. 냄비를 불에서 내려 잘게 다진 다크 초콜릿을 넣어 잘 섞이도록 젓고 럼과 마스카르포네를 넣어 섞는다.

길이 25cm, 높이 8cm 크기의 케이크 틀에 찬물을 적시고 세몰리나 초콜릿 크림을 붓는다. 랩을 씌워 하룻밤 동안 냉장한다.

앙트르메를 틀에서 꺼내고 딸기와 마스카르포네를 곁들여 서브한다.

셰프의 팁 : 세몰리나와 함께 건포도를 넣어도 좋다.

크레올식 초콜릿 플랑과 구아바 캐러멜
Flan créole au chocolat et caramel de goyave

8인분
난이도 ★
준비 시간 30분
굽는 시간 30분
냉장 시간 2시간

구아바 캐러멜
물 100ml
설탕 200g
구아바 퓌레 160g

크레올식 초콜릿 플랑
다크 초콜릿 120g
달걀 5개
우유 400ml
우유 잼 150g
연유 100ml
바닐라 에센스 1작은술
계핏가루 약간

오븐을 150℃로 예열한다.

구아바 캐러멜 : 냄비에 물과 설탕을 넣고 설탕이 완전히 녹을 때까지 데운다. 불을 세게 하여 10분간 더 끓여 연한 갈색의 캐러멜이 되면(설탕 공예용 온도계로 165℃) 구아바 퓌레를 넣어 온도가 더 이상 오르지 않게 한다. 3분간 더 끓여 구아바 캐러멜을 8개의 작은 볼에 나누어 붓는다.

크레올식 초콜릿 플랑 : 초콜릿을 잘게 다져 큰 볼에 담는다. 다른 볼에는 달걀을 넣고 가볍게 거품을 낸다. 냄비에 우유, 우유 잼, 연유를 넣어 불에 올리고 끓기 직전에 내려 다진 초콜릿에 붓고 잘 젓는다. 골고루 섞어 이를 거품 낸 달걀에 붓고 바닐라 에센스와 계핏가루도 넣는다. 체에 한 번 거른 뒤 구아바 캐러멜을 채워 둔 볼에 붓는다.

중탕용 그릇에 구아바 캐러멜과 초콜릿 플랑을 담은 볼을 올려 놓고 끓는 물을 볼이 절반 정도 잠기게 채운다. 오븐에서 30분간 플랑이 굳을 때까지 익힌다. 볼을 중탕용 그릇에서 꺼내어 식힌 뒤 2시간 동안 냉장한다.

세비녜 퐁당, 프랄린 크림
Fondant Sèvignè, crème au pralin

10인분
난이도 ★ ★
준비 시간 1시간
냉장 시간 4~5시간

세비녜 퐁당
다크 초콜릿 270g
실온 버터 165g
달걀노른자 4개
달걀흰자 4개
설탕 60g

프랄린 크렘 앙글레즈
프랄린 100g
달걀노른자 3개
설탕 70g
우유 250ml

크렘 앙글레즈 만들기 p. 212 참고

25×10cm의 케이크 틀을 준비한다.

세비녜 퐁당 : 초콜릿을 다져 중탕으로 녹인 다음 중탕에서 내려 버터와 달걀노른자를 차례로 넣어 섞는다. 달걀흰자를 가볍게 저어 거품이 나면 설탕 ⅓을 조금씩 넣어가며 매끈하게 광택이 날 때까지 계속 거품을 올리다가 나머지 설탕을 모두 넣고 단단하게 머랭을 만든다. 고무주걱으로 머랭을 3회에 나누어 조심스럽게 초콜릿에 섞는다. 이를 케이크 틀에 모두 부어 4~5시간 동안 냉장한다.

프랄린 크렘 앙글레즈 : 프랄린은 푸드 프로세서에 곱게 간다. 볼에 달걀노른자와 설탕을 넣고 밝은 색이 나며 되직해질 때까지 거품을 낸다. 냄비에 우유를 넣고 불에 올려 끓으면 ⅓을 설탕을 섞어 거품을 낸 달걀노른자에 부어 거품기로 힘있게 섞는다. 이를 다시 냄비에 붓고 약한 불에 올려 나무주걱으로 계속 저으며 익힌다. 크림이 되직해지면서 주걱으로 떠서 주걱 윗면에 손가락으로 줄을 그어 자국이 지워지지 않으면 완성(이때 크림이 끓지 않도록 주의). 크렘 앙글레즈를 체에 거르고 프랄린을 섞어 식으면 냉장한다.

뜨거운 물에 틀을 담갔다가 퐁당을 빼내어 접시에 담고 프랄린 크렘 앙글레즈를 따로 그릇에 담아 낸다.

셰프의 팁 : 케이크 틀 대신 일인용의 작은 틀 여러 개에 준비할 수 있다. 프랄린 페이스트를 직접 만들어 사용해도 좋다(p. 320 참고).

초콜릿 퐁뒤
Fondue au chocolat

4인분
난이도 ★
준비 시간 20분

생크림 300ml
우유 50ml
바닐라 빈 1개
잘게 다진 다크 초콜릿 500g
바나나 1개
키위 3개
파인애플 슬라이스 3∼4조각
(통조림 파인애플 사용해도 됨)
딸기 250g

작은 냄비에 생크림과 우유, 바닐라 빈(세로로 갈라 칼끝으로 씨를 긁어 깍지와 함께 사용)을 넣어 천천히 끓인다. 우유가 끓기 시작하면 불에서 내려 바닐라 빈을 건져내고 다진 초콜릿을 넣어 섞는다. 이 냄비를 뜨거운 물이 담긴 큰 냄비 위에 얹어 따뜻하게 유지한다.

바나나와 키위, 파인애플은 크게 슬라이스하거나 조각으로 자르고 딸기는 통째로 준비한다.

일인용 볼에 초콜릿 퐁뒤를 담고 과일꼬치를 하나씩 내거나, 준비한 과일과 퐁뒤를 큰 볼에 각각 담아 테이블 가운데에 두고 각자 꼬치를 만들어 즐겨도 좋다.

셰프의 팁 : 제철에 나는 다양한 과일을 이용해도 좋다.

에리쏭(고슴도치)
Le hérisson

8인분
난이도 ★ ★
준비 시간 1시간
굽는 시간 20분

초콜릿 비스퀴 퀴이예르
달걀노른자 3개
설탕 75g
달걀흰자 3개
체에 친 밀가루 70g
체에 친 카카오 파우더(무가당) 15g

시럽
물 50ml
설탕 50g

초콜릿 무스
다크 초콜릿 125g
생크림 300ml

데커레이션
아몬드 슬라이스 50g
카카오 파우더(무가당)

오븐을 165℃로 예열한다. 2개의 오븐 팬에 유산지를 깔아 준비한다. 그 위에 지름 16cm, 14cm, 12cm 크기의 원을 각각 하나씩 그린다.

초콜릿 비스퀴 퀴이예르 준비 : 볼에 달걀노른자와 설탕 ½을 넣고 밝은 색이 나며 무스 상태가 될 때까지 거품을 올린다. 한쪽에서는 달걀흰자에 나머지 분량의 설탕을 넣어 단단하게 거품을 올리고 이를 거품을 올린 달걀노른자에 조심스럽게 섞는다. 이어서 체에 친 밀가루와 카카오 파우더를 조심스럽게 섞는다. 원형 깍지를 끼운 짜주머니에 반죽을 채워 미리 그려놓은 원의 중심에서부터 원형으로 돌려 짠다. 오븐에서 15분간 구워 식힌 후 유산지를 제거한다.

시럽 준비 : 냄비에 물과 설탕을 끓인 후 식힌다.

초콜릿 무스 : 초콜릿을 다져 중탕으로 녹인다. 생크림은 단단하게 휘핑하여 녹인 초콜릿을 부으면서 균일하게 섞일 때까지 힘있게 섞는다. 이 크림을 원형 깍지를 끼운 짜주머니에 채운다.

오븐을 계속 같은 온도로 유지한 채 유산지를 깐 오븐 팬에 아몬드 슬라이스를 펼쳐 놓고 5분간 밝은 갈색이 나도록 굽는다.

가장 큰 원형의 비스퀴를 접시에 올리고 시럽을 적신다. 그 위에 전체적으로 작은 구슬 모양으로 초콜릿 무스를 촘촘하게 짠다. 같은 방법으로 중간 크기의 비스퀴와 가장 작은 비스퀴까지 올려 완성하고 구슬 모양의 크림을 피라미드로 계속 짜서 고슴도치 모양을 완성한다. 그 위에 카카오 파우더를 가볍게 뿌리고 아몬드 슬라이스를 꽂는다.

초콜릿 마르퀴즈
Marquise au chocolat

12인분
난이도 ★ ★ ★
준비 시간 1시간
냉동 시간 30분
냉장 시간 1시간 20분

퐁 로셰
다크 초콜릿 150g
프랄린 200g
푀이유틴(크레프 당텔) 120g

초콜릿 무스
다크 초콜릿 275g
생크림 550ml

다크 초콜릿 글라사주
다크 초콜릿 150g
생크림 150ml
잡화꿀 75g
버터 20g

가토 글라사주 p. 21 참고

퐁 로셰 준비 : 초콜릿을 잘게 다져 중탕으로 녹인다. 프랄린과 푀이유틴을 차례로 넣어 고무주걱으로 섞는다. 유산지 위에 지름 20cm의 원을 두 개 그린다. 원 안에 준비한 초콜릿을 0.5cm 두께로 펴 바르고 30분 동안 냉동한다.

초콜릿 무스 : 초콜릿을 다져 중탕으로 녹인다. 생크림은 단단하게 휘핑하고 녹인 초콜릿을 부으면서 균일하게 섞일 때까지 힘있게 젓는다. 원형 깍지를 끼운 짜주머니에 무스를 담아둔다.

지름 22cm의 원형 틀을 접시에 올리고 퐁 로셰 한 개를 넣는다. 그 위에 초콜릿 무스를 1cm 두께로 한 겹 짠다. 퐁 로셰를 한 개 더 얹어 살짝 누르고 틀 높이까지 무스로 덮는다. 스패튤러로 윗면을 매끈하게 정리해 1시간 동안 냉장한다(마르퀴즈).

다크 초콜릿 글라사주 : 초콜릿을 잘게 다져 큰 볼에 넣는다. 냄비에 생크림과 꿀을 넣어 끓이고 이를 초콜릿에 부어 잘 섞는다. 여기에 버터를 섞어 실온에 둔다. 마르퀴즈를 냉장고에서 꺼낸다. 뜨거운 물을 적신 수건으로 틀을 감싸 살짝 녹여 빼내고 다시 10분간 냉장한다. 볼 위에 식힘망을 얹고 마르퀴즈를 올린다. 다크 초콜릿 글라사주를 부어 전체를 덮고 스패튤러로 윗면을 매끈하게 해준다. 글라사주가 더 이상 흘러내리지 않으면 마르퀴즈를 접시에 올리고 초콜릿이 굳도록 10분 동안 다시 냉장한다. 작은 접시에 마르퀴즈를 한 조각씩 낸다.

셰프의 팁 : 프랄린 대신에 헤이즐넛 초콜릿 스프레드를 사용해도 좋다.

초콜릿 머랭
Meringue chocolatée

10인분
난이도 ★ ★
준비 시간 30분
굽는 시간 1시간
휴지 시간 1시간

초콜릿 머랭
달걀흰자 4개
설탕 120g
체에 친 슈거파우더 100g
체에 친 카카오 파우더(무가당) 20g

초콜릿 샹티이
다진 다크 초콜릿 100g
(카카오 함량 66%)
생크림 200ml
슈거파우더 20g

데커레이션
산딸기 200g

오븐을 100℃로 예열한다. 오븐 팬에 유산지를 깔아 준비한다.

초콜릿 머랭 : 달걀흰자가 매끈해질 때까지 거품을 내다가 설탕을 조금씩 넣어가며 단단하게 거품을 올려 머랭을 만든다. 슈거파우더와 카카오 파우더를 넣어 조심스럽게 섞는다. 별모양 깍지를 끼운 짜주머니에 머랭을 담아 유산지 위에 지름 8cm의 원형을 10개 짠다. 중심에서부터 나선으로 둥글게 돌려 짜고 가장자리는 한층 더 돌려 짜주어 둥지 모양이 되도록 한다. 오븐에 1시간 구운 다음 식힘망에 옮겨 실온에서 1시간 동안 식힌다.

초콜릿 샹티이 : 다진 초콜릿을 중탕으로 녹인다. 생크림은 가볍게 거품을 내다가 슈거파우더를 넣고 단단하게 휘핑한다. 녹인 다크 초콜릿을 생크림에 넣고 힘있게 섞는다.

초콜릿 샹티이를 둥지 모양의 초콜릿 머랭에 펴 바르고 산딸기로 장식한다.

셰프의 팁 : 머랭은 몇 주 전에 미리 만들어 건조한 곳에 보관해 두어도 된다.

초콜릿 무스
Mousse au chocolat

8인분
난이도 ★
준비 시간 30분
냉장 시간 최소 3시간

다크 초콜릿 125g(카카오 함량 55%)
버터 50g
생크림 150ml
달걀노른자 2개
달걀흰자 3개
설탕 45g

다크 초콜릿을 다져 버터와 함께 중탕으로 녹인 후 미지근하게 식힌다.

큰 볼에 생크림을 넣고 거품에 각이 서도록 단단하게 휘핑한다. 휘핑한 생크림에 달걀노른자를 섞고 냉장한다.

달걀흰자는 무스 상태로 거품을 낸다. 설탕 ⅓을 조금씩 넣어가며 계속 거품을 내어 매끈하고 광택이 나면 남은 설탕을 조심스럽게 넣고 단단하게 머랭을 만든다.

휘핑한 생크림과 달걀노른자 섞은 것에 머랭을 3회에 나누어 조심스럽게 섞는다. 녹인 초콜릿을 첨가하고 힘있게 섞어 초콜릿 무스를 완성한다. 3시간 이상 냉장한 후 서브한다.

셰프의 팁 : 무스를 더욱 가볍게 만들려면 달걀을 미리 냉장고에서 꺼내둔다.

화이트 초콜릿 무스
Mousse au chocolat blanc

10인분
난이도 ★
준비 시간 20분
냉장 시간 최소 3시간

무스
화이트 초콜릿 300g
생크림 600ml

데커레이션
다크 초콜릿 코포 150g
p. 215 참고

무스 : 초콜릿을 잘게 다져 중탕으로 녹인다. 생크림은 단단하게 휘핑한다. 볼에 휘핑한 생크림 100ml를 넣고 나머지는 냉장한다. 휘핑한 생크림 100ml에 녹인 초콜릿을 넣고 힘있게 섞는다. 이어서 나머지 휘핑한 생크림을 넣고 고무주걱으로 조심스럽게 섞는다. 화이트 초콜릿 무스를 10개의 굽이 있는 유리잔에 절반 정도 담고 적어도 3시간 동안 냉장한다.

너무 차갑지 않게, 서브하기 30분 전에 냉장고에서 꺼내 다크 초콜릿 코포로 장식한다.

셰프의 팁 : 볼에 생크림을 부어 냉장고에 15분 정도 넣어 두면 좀더 손쉽게 거품을 올릴 수 있다.

다즐링 초콜릿 무스, 콜롬비아 커피 크림

Mousse au chocolat à l'infusion de Darjeeling, crème au café de Colombie

4인분
난이도 ★ ★
준비 시간 50분
냉장 시간 최소 3시간

다즐링 초콜릿 무스
물 50ml
다즐링 홍차 티백 1개
다크 초콜릿 200g
버터 25g
설탕 75g
굵게 다진 볶은 헤이즐넛 60g(선택)
달걀노른자 3개
달걀흰자 3개

콜롬비아 커피 크렘 앙글레즈
달걀노른자 3개
설탕 70g
우유 250ml
인스턴트 콜롬비아 커피 1작은술(5g)

샹티이
생크림 200ml
바닐라 에센스 1~2방울
슈거파우더 20g

데커레이션
민트 잎

다즐링 초콜릿 무스 : 냄비에 물과 다즐링 티백을 넣고 끓인다. 불에서 내려 10분간 더 우려낸 후 티백을 건진다. 볼에 다진 초콜릿과 버터, 설탕 ½을 함께 넣어 중탕으로 녹인다. 이때 젓지 않는다. 여기에 헤이즐넛을 넣고 우려낸 다즐링 홍차를 붓는다. 중탕에서 내려 달걀노른자를 섞고 미지근하게 식힌다. 달걀흰자에 남은 설탕을 넣어 단단하게 거품을 올려 고무주걱으로 3회에 나누어 초콜릿 혼합물에 넣고 조심스럽게 섞는다. 다즐링 초콜릿 무스를 4개의 작은 볼에 나누어 담고 적어도 3시간 이상 냉장한다.

콜롬비아 커피 크렘 앙글레즈 : 볼에 달걀노른자와 설탕을 넣고 밝은 색이 나며 되직해질 때까지 거품을 낸다. 냄비에 우유와 커피를 넣어 끓인 후 ⅓을 거품 낸 달걀노른자와 설탕에 붓고 힘있게 섞는다. 이 모두를 다시 냄비에 붓고 약한 불에 올려 나무주걱으로 계속 저으며 익힌다. 크림이 되직해지면서 주걱으로 떠서 주걱 윗면에 손가락으로 줄을 그어 자국이 지워지지 않으면 완성(이때 크림이 끓지 않도록 주의). 체에 걸러 식힌 후 냉장한다.

샹티이 : 생크림에 바닐라 에센스를 넣고 가볍게 거품을 낸다. 여기에 슈거파우더를 첨가하여 단단하게 휘핑한다. 원형 깍지를 끼운 짜주머니에 샹티이를 담는다.

초콜릿 무스 위에 샹티이를 올려 장식하고 그 위에 민트 잎을 올린다. 콜롬비아 커피 크렘 앙글레즈는 작은 볼에 담아 따로 낸다.

위스키 헤이즐넛 초콜릿 무스
Mousse au chocolat, aux noisettes et au whisky

8~10인분
난이도 ★
준비 시간 30분
굽는 시간 10분
냉장 시간 최소 3 시간

다진 헤이즐넛(껍질 벗긴 것) 200g
다크 초콜릿 450g(카카오 함량 55%)
버터 30g
설탕 200g
달걀노른자 6개
위스키 85ml
달걀흰자 6개

데커레이션
초콜릿 코포 p. 215 참고

오븐을 180℃로 예열한다.

유산지를 깔아 둔 오븐 팬에 헤이즐넛을 펼쳐 담고 오븐에 넣어 10분간 구워 향과 색이 나도록 한다.

볼에 다진 초콜릿과 버터, 설탕 ½을 함께 넣고 중탕으로 녹인다. 이때 젓지 않는다. 중탕에서 내려 달걀노른자와 헤이즐넛 60g, 위스키를 섞는다.

달걀흰자를 무스 상태로 거품을 낸다. 설탕 ⅓을 조금씩 넣어가며 계속 거품을 낸다. 매끈하고 광택이 나면 남은 설탕을 조심스럽게 넣고 단단하게 거품을 올려 머랭을 만든다. 머랭을 고무주걱으로 3회에 나누어 위의 초콜릿 혼합물에 넣으면서 조심스럽게 섞는다.

8~10개의 작은 디저트 유리잔에 무스를 나누어 담고 적어도 3시간 동안 냉장하여 굳힌다. 남은 헤이즐넛과 초콜릿 코포로 장식한다.

프랄리네 초콜릿 무스
Mousse au chocolat praliné

10인분
난이도 ★
준비 시간 1시간
냉장 시간 최소 3시간

아몬드 헤이즐넛 프랄리네
물 30ml
설탕 150g
껍질 벗긴 아몬드 75g
껍질 벗긴 헤이즐넛 75g

다크 초콜릿 무스
다크 초콜릿 300g(카카오 함량 55%)
생크림 350ml
달걀노른자 6개
달걀흰자 6개
설탕 80g

프랄린 페이스트 만들기 p. 320 참고

아몬드 헤이즐넛 프랄리네 : 냄비에 물과 설탕을 넣고 끓인다. 아몬드와 헤이즐넛을 넣고 나무주걱으로 젓는다. 불에서 내려 아몬드와 헤이즐넛이 하얗게 가루로 덮일 때까지 계속 젓다가 다시 불에 올려 녹이고 캐러멜화 한다. 캐러멜화한 아몬드와 헤이즐넛을 유산지 위에 펼쳐 식힌다. 이를 푸드 프로세서에 넣고 부드러운 페이스트 상태가 될 때까지 간다(이때 기계를 자주 멈춰 고무주걱으로 한 번씩 섞는다). 프랄린 페이스트를 볼에 덜어둔다.

다크 초콜릿 무스 : 초콜릿을 다져 중탕으로 녹인 후 미지근하게 식힌다. 생크림은 거품기로 들어 올렸을 때 흐르지 않을 정도로 단단하게 휘핑한 후 달걀노른자를 섞어 냉장한다. 다른 볼에 달걀흰자를 넣어 무스 상태로 거품을 낸다. 설탕 ⅓을 조금씩 넣어가며 계속 거품을 낸다. 매끈하고 광택이 나면 남은 설탕을 조심스럽게 넣고 단단하게 거품을 올린다. 고무주걱으로 거품 올린 달걀흰자를 3회에 나누어 달걀노른자를 섞은 휘핑한 생크림에 넣어 조심스럽게 섞는다. 녹인 초콜릿 혼합물을 첨가하고 힘있게 젓는다.

고무주걱을 이용하여 프랄리네를 초콜릿 무스에 넣어 섞는다. 적어도 3시간 냉장하여 굳힌다.

당 절임한 오렌지 껍질 초콜릿 무스
Mousse au chocolat aux zestes d'orange confits

6인분
난이도 ★
준비 시간 45분
굽는 시간 15분
냉장 시간 최소 3시간

오렌지 껍질 당 절임
오렌지 껍질 2개
물 100ml
설탕 100g

초콜릿 무스
다크 초콜릿 150g
생크림 200ml
달걀노른자 3개
달걀흰자 3개
설탕 50g

오렌지 껍질 당 절임 : 오렌지 껍질을 가늘고 길게 잘라 놓는다. 냄비에 물과 설탕을 넣어 끓인 후 오렌지 껍질을 넣고 약한 불에서 15분 정도 조린다. 건져서 따로 둔다.

초콜릿 무스 : 초콜릿을 다져 중탕으로 녹이고 미지근하게 식힌다. 생크림은 단단하게 휘핑한 후 달걀노른자를 섞어 냉장한다. 달걀흰자는 무스 상태로 거품을 낸다. 설탕 ⅓을 조금씩 넣어가며 계속 거품을 내다가 매끈하고 광택이 나면 남은 설탕을 조심스럽게 넣고 단단하게 거품을 올린다. 달걀노른자를 섞은 휘핑한 생크림에 거품 올린 달걀흰자를 조금씩 넣어가며 섞는다. 녹인 초콜릿을 첨가하고 힘있게 젓는다.

당 절임한 오렌지 껍질 몇 개를 장식용으로 남겨두고 나머지는 초콜릿 무스에 섞는다. 무스가 굳도록 적어도 3시간 동안 냉장한다. 남겨둔 당 절임한 오렌지 껍질로 무스를 장식한다.

달걀 반숙 모양의 초콜릿
Œufs en cocotte au chocolat

12개
난이도 ★ ★
준비 시간 1시간+하룻밤
굽는 시간 8분
냉장 시간 30분

달걀 12개

다크 초콜릿 퐁당
다크 초콜릿 115g
버터 100g
설탕 115g
키르슈 25ml

우유 크림
판 젤라틴 2장
우유 75ml
생크림 170ml
설탕 25g
바닐라 빈 ½개

달걀 12개의 윗부분을 깨고 속을 비워 껍질을 남겨둔다. 레시피에서 필요한 달걀 2개와 달걀노른자 1개는 따로 보관한다. 나머지 달걀은 다른 레시피에서 사용한다. 12개의 껍질은 헹군 후 말리고 종이로 된 달걀 포장 용기에 보관한다.

오븐을 170℃로 예열한다.

다크 초콜릿 퐁당 : 초콜릿은 다진 후 버터와 함께 중탕으로 녹인다. 달걀 2개, 달걀노른자 1개, 설탕, 키르슈를 거품기로 잘 섞은 후 녹인 초콜릿을 넣는다. 달걀 포장 용기에 달걀 껍질을 세우고 그 안에 초콜릿 퐁당을 ¾ 정도 채운다. 용기째 오븐에 넣고 8분간 구운 후 식힌다.

우유 크림 : 젤라틴을 찬물에 담가 불린다. 냄비에 우유와 생크림, 설탕을 넣고 바닐라 빈은 칼끝으로 씨를 긁어 넣고 깍지도 함께 넣어 끓인다. 불에서 내려 10분간 더 우려낸 후 체에 거른다. 여기에 물기를 최대한 뺀 젤라틴을 섞어 30분간 냉장한다.

달걀 껍질의 나머지 ¼을 차갑게 식힌 우유 크림으로 채우고 달걀잔(coquetier)에 받쳐 먹는다.

셰프의 팁 : 달걀 껍질은 찬물에 잘 씻는다. 달걀을 종이 포장 용기에 얹어 오븐에 구울 때, 용기를 미리 물에 담갔다 오븐에 넣어야 과열되지 않는다.

초콜릿 파트 아 타르티네(초콜릿 스프레드)
Pâte à tartiner au chocolat

8인분
난이도 ★ ★
준비 시간 40분

다크 초콜릿 80g
잡화꿀 20g
생크림 160ml

헤이즐넛 프랄린 페이스트
물 60ml
설탕 200g
껍질 벗긴 헤이즐넛 150g
껍질 벗긴 아몬드 50g

헤이즐넛 오일 30ml

프랄린 페이스트 만들기 p. 320 참고

다크 초콜릿을 잘게 다져 꿀과 함께 큰 볼에 넣는다. 생크림을 끓여 초콜릿에 부어 잘 섞는다.

헤이즐넛 프랄린 페이스트 : 냄비에 물과 설탕을 넣어 끓이다가 헤이즐넛과 아몬드를 섞고 나무주걱으로 젓는다. 불에서 내려 헤이즐넛과 아몬드가 하얗게 가루로 덮일 때까지 계속 젓다가 다시 불에 올려 녹이고 캐러멜화한다. 캐러멜화한 아몬드와 헤이즐넛을 유산지 위에 펼쳐 식힌다. 푸드 프로세서에 넣어 부드러운 페이스트 상태가 될 때까지 간다(이때 기계를 자주 멈춰 고무주걱으로 한 번씩 섞는다). 프랄린 페이스트를 볼에 덜어 둔다.

프랄린 페이스트를 일부 덜어 초콜릿에 섞은 다음 나머지 프랄린 페이스트도 모두 넣어 섞는다. 헤이즐넛 오일을 붓고 고무주걱을 볼 가운데에서 바깥쪽으로 들어올리듯 섞어 매끈한 파트 아 타르티네(스프레드)를 만든다. 믹서기로 한 번 갈고 유리 용기에 넣어 실온에 보관한다.

셰프의 팁 : 다크 초콜릿 대신에 밀크 초콜릿을 사용할 수 있다. 또한 헤이즐넛 오일 대신 호두 오일을 넣을 수도 있다. 초콜릿 파트 아 타르티네(스프레드)는 실온에서 2~3주간 보관이 가능하다.

작은 초콜릿 단지
Petits pots au chocolat

6인분
난이도 ★
준비 시간 15분
굽는 시간 30분

다크 초콜릿 80g
우유 500ml
생크림 200ml
바닐라 빈 ½개
달걀 2개
달걀노른자 4개
설탕 130g

오븐을 170℃로 예열한다.

초콜릿을 다진다. 냄비에 우유와 생크림, 다진 초콜릿, 바닐라 빈(칼끝으로 씨를 긁어 깍지와 함께 사용)을 넣고 끓으면 불에서 내린다. 달걀, 달걀노른자에 설탕을 넣어 밝은 색이 나며 되직해질 때까지 거품을 올린다. 여기에 끓인 우유, 생크림, 초콜릿을 부어 섞고 체에 거른다. 숟가락으로 위에 뜨는 거품은 걷어낸다.

생크림을 100ml 용량의 램킨(오븐용 자기 그릇) 6개에 나누어 가득 담는다. 중탕 용기에 램킨 6개를 올려 끓는 물을 절반 정도 잠기게 붓고 오븐에서 30분간 익힌다. 크림의 표면이 부드러워지면서 만졌을 때 묻어나지 않으면 완성된 것이다. 묻어나면 더 익힌다. 중탕에서 꺼내 식힌 후 냉장하여 차갑게 먹는다.

셰프의 팁 : 이 크림은 냉장고에서 2~3일 보관이 가능하다. 초콜릿 크림에 샹티이나 굵게 갈은 초콜릿을 뿌려 장식한다.

작은 크림 단지
Petits pots de crème

램킨 12개
난이도 ★
준비 시간 10분
굽는 시간 20~25분

인스턴트 커피 1작은술(5g)
카카오 파우더(무가당) 2큰술
우유 750ml
설탕 150g
바닐라 빈 1개
달걀 3개
달걀노른자 2개

오븐을 170℃로 예열한다. 큰 볼 3개를 준비하여 인스턴트 커피와 카카오 파우더를 볼에 각각 담고 볼 하나는 그대로 둔다.

냄비에 우유와 설탕 ½, 바닐라 빈(세로로 갈라 칼끝으로 씨를 긁어 깍지와 함께 사용)을 넣어 한 번 끓인다.

달걀, 달걀노른자에 나머지 설탕을 넣어 거품을 내고 여기에 뜨거운 우유를 부어가며 계속 젓는다. 이를 체에 걸러 준비한 3개의 볼에 나누어 담는다(약 350g씩). 인스턴트 커피와 카카오 파우더가 들어있는 볼은 향이 잘 섞이도록 충분히 섞는다.

지름 7cm, 높이 3cm의 램킨 12개를 준비하여 4개에는 커피 크림을, 4개에는 초콜릿 크림을, 또 다른 4개에는 바닐라 크림을 담는다. 숟가락으로 윗면에 형성된 거품을 걷어낸다. 중탕 용기에 램킨 12개를 올려 끓는 물을 절반 정도 잠기게 붓고 오븐에서 20~25분간 익힌다. 칼끝으로 중심을 찔러 보았을 때 묻어나지 않으면 완성된 것이다. 식힌 후 냉장하여 차갑게 먹는다.

셰프의 팁 : 중탕 용기 바닥에 키친 타월을 한 장 깔아 놓으면 크림이 끓어 거품이 생기는 것을 막을 수 있다.

임페리얼 초콜릿 쌀 푸딩과 패션프루츠 그라니테
Riz à l'impératrice au chocolat et granité Passion

10인분

난이도 ★ ★

준비 시간 1시간 30분

굽는 시간 30분

냉장 시간 3시간 20분

리올레

우유 250ml

생크림 40ml

물 1L

둥근 쌀 75g

패션푸르츠 퓌레 150ml

설탕 15g

다크 초콜릿 크림

다크 초콜릿 150g

판 젤라틴 2장

달걀노른자 2개

설탕 50g

우유 125ml

생크림 395ml

바닐라 빈 1개

패션프루츠 그라니테

물 150ml

설탕 40g

패션프루츠 퓌레 150ml

산딸기 크레뫼

산딸기 쿨리 150ml

판 젤라틴 2장

데커레이션

산딸기

리올레 : 냄비에 우유와 생크림을 넣고 데운다. 다른 냄비에 물을 넣고 끓이다가 끓기 시작하면 쌀을 부어 2분간 익힌다. 쌀을 건져 데운 우유, 생크림에 넣고 패션푸르츠 퓌레와 함께 약한 불에서 20분간 더 익힌다. 여기에 설탕을 넣고 5분간 더 익힌 후 식힌다.

다크 초콜릿 크림 : 초콜릿은 다지고 젤라틴은 찬물에 불린다. 달걀노른자에 설탕 ½을 넣고 밝은 색을 띠며 되직해질 때까지 거품을 낸다. 냄비에 우유와 생크림 20ml, 남은 설탕, 바닐라 빈(세로로 갈라 칼끝으로 씨를 긁어 깍지와 함께 사용)을 넣어 불에 올린다. 끓으면 ⅓을 달걀노른자와 설탕을 섞은 볼에 부어 거품기로 힘있게 섞는다. 이 모두를 다시 냄비에 붓고 약한 불에 올려 나무주걱으로 계속 저어주며 익힌다. 크림이 되직해지면서 주걱으로 떠서 주걱 윗면을 손가락으로 줄을 그어 자국이 지워지지 않으면 완성(이때 크림이 끓지 않도록 주의). 크림에 물기를 최대한 뺀 젤라틴을 섞고 이를 다진 초콜릿에 넣어 섞고 체에 한 번 거른다. 얼음을 넣은 볼에 크림을 얹어 가끔씩 저어가며 식힌다. 남은 생크림은 휘핑한다. 리올레와 다크 초콜릿 크림을 섞고 여기에 휘핑한 생크림을 섞는다. 지름 20cm의 샤를로트 틀에 부어 3시간 동안 냉장한다(임페리얼 쌀 푸딩).

패션프루츠 그라니테 : 볼에 물과 설탕, 패션프루츠 퓌레를 함께 넣고 설탕이 녹을 때까지 섞는다. 큰 그릇에 1cm 높이로 붓고 가끔씩 포크로 긁어가며 얼린다. 그라니테가 모두 얼면 10개의 잔에 나누어 담는다.

산딸기 크레뫼 : 산딸기 쿨리 ¼분량을 데운다. 불에서 내려 찬물에 미리 불려둔 젤라틴을 넣는다. 이를 남은 산딸기 쿨리와 섞어 20분간 냉장한다. 냉장고에 넣어둔 임페리얼 쌀 푸딩을 샤를로트 틀에서 빼낸다. 산딸기 크레뫼는 거품기로 잘 섞어 푸딩 위에 올린다. 산딸기로 장식하고 그라니테를 잔에 담아 함께 놓는다.

초콜릿 수플레
Soufflé au chocolat

8인분
난이도 ★
준비 시간 30분
굽는 시간 45분

초콜릿 크렘 파티시에르
다크 초콜릿 115g
우유 500ml
바닐라 빈 1개
달걀노른자 4개
설탕 80g
밀가루 60g

달걀흰자 6개
설탕 30g

데커레이션
카카오 파우더(무가당)

수플레 용기 준비하기 p. 141 참고

초콜릿 크렘 파티시에르 : 초콜릿을 잘게 다져 중탕으로 녹인다. 냄비에 우유를 넣고 바닐라 빈은 세로로 갈라 칼끝으로 씨를 긁어 깍지와 함께 넣어 끓인 후 불에서 내린다. 볼에 달걀노른자와 설탕을 넣고 밝은 색을 띠며 되직해질 때까지 거품을 낸 후 밀가루를 섞는다. 우유에서 바닐라 빈을 건져내고 설탕을 섞은 달걀노른자와 밀가루에 절반 정도 부어 잘 저어준 후 나머지 우유도 마저 넣어 섞는다. 이를 모두 냄비에 다시 넣고 약한 불에서 나무주걱으로 저어가며 크림이 되직해질 때까지 끓인다. 끓기 시작하면 1분간 더 저어주다가 불에서 내려 초콜릿에 부어 잘 섞는다. 크림 윗면을 랩으로 덮어 냉장한다.

오븐을 180℃로 예열한다. 지름 23cm의 수플레 그릇에 버터를 바르고 설탕을 뿌려둔다.

달걀흰자를 무스 상태로 거품을 낸다. 설탕 ⅓을 조금씩 넣어가며 계속 거품을 내다가 달걀흰자가 매끈하고 광택이 나면 남은 설탕을 조심스럽게 넣고 단단하게 거품을 올려준다.

거품을 올린 달걀흰자를 초콜릿 크렘 파티시에르에 3회에 나누어 넣으면서 고무주걱으로 조심스럽게 섞는다. 이를 수플레 용기에 가득 담고 스패튤러로 윗면을 고르게 정리한다. 수플레가 잘 부풀 수 있도록 비닐장갑을 끼고 엄지 손가락으로 용기 가장자리를 훑어 5mm 정도의 공간을 만들어 준다. 오븐에서 약 45분간 익혀 수플레가 잘 부풀어 올라오게 한다. 오븐에서 꺼내자마자 카카오 파우더를 뿌리고 바로 서브한다.

뜨거운 비터 초콜릿 수플레
Soufflés chauds au chocolat amer

6인분
난이도 ★
준비 시간 30분
굽는 시간 15분

기본 수플레
다크 초콜릿 30g
(카카오 함량 55~70%)
카카오 파우더(무가당) 30g
물 120ml
달걀노른자 1개
옥수수 전분 20g

달걀흰자 6개
설탕 90g

데커레이션
슈거파우더

수플레 용기 준비하기 p. 141 참고

오븐을 180℃로 예열한다. 지름 8cm의 램킨 6개에 버터를 바르고 설탕을 뿌려둔다.

기본 수플레 : 초콜릿을 잘게 다져 볼에 담는다. 냄비에 물과 카카오 파우더를 섞은 다음 끓인다. 이를 초콜릿에 부어 잘 섞는다. 미지근하게 식으면 달걀노른자와 옥수수 전분을 넣어 섞는다.

달걀흰자를 무스 상태로 거품을 낸다. 설탕 ⅓을 조금씩 넣어가며 계속 거품을 내다가 매끈하고 광택이 나면 남은 설탕을 조심스럽게 넣고 단단하게 거품을 올린다.

기본 수플레에 거품 낸 달걀흰자를 3회에 나누어 고무주걱으로 잘 섞어가며 넣는다. 이를 준비한 램킨 6개에 가득 담고 스패튤러로 윗면을 고르게 정리한다. 수플레가 쉽게 부풀도록 비닐장갑을 끼고 엄지 손가락으로 램킨 가장자리를 훑어 5mm 정도의 공간을 만든다. 오븐에서 15분간 익혀 수플레가 잘 부풀게 한다. 오븐에서 꺼내 슈거파우더를 뿌리고 바로 서브한다.

뜨거운 초콜릿 커피 수플레
Soufflés chauds au chocolat et au café

6인분
난이도 ★ ★
준비 시간 1시간
냉동 시간 2시간
굽는 시간 15분

커피 가나슈 팔레
다크 초콜릿 75g
생크림 75ml
인스턴트 커피 ½ 작은술(2g)

기본 수플레
다크 초콜릿 60g
카카오 파우더(무가당) 60g
물 240ml
달걀노른자 2개

달걀흰자 4개
설탕 50g

데커레이션
슈거파우더 약간

수플레 용기 준비하기 p. 141 참고

커피 가나슈 팔레 : 오븐 팬에 유산지를 깐다. 초콜릿은 큼직하게 다져 볼에 담는다. 냄비에 생크림과 인스턴트 커피를 넣어 끓인 후 초콜릿에 부어 잘 섞어 가나슈를 만든다. 티스푼을 이용하여 가나슈를 24개의 작은 원형을 만들어 오븐 팬 위에 올려 2시간 동안 냉동한다.

오븐을 180℃로 예열한다. 지름 8cm의 램킨 6개에 버터를 바르고 설탕을 뿌린다.

기본 수플레 : 초콜릿을 잘게 다져 볼에 담는다. 냄비에 물과 카카오 파우더를 섞은 다음 끓여 초콜릿에 부어 잘 섞는다. 식으면 달걀노른자를 섞는다.

달걀흰자를 무스 상태로 거품을 낸다. 설탕 ⅓을 조금씩 넣어가며 계속 거품을 내다가 매끈하고 광택이 나면 남은 설탕을 조심스럽게 넣고 단단하게 거품을 올린다.

기본 수플레에 거품 낸 달걀흰자를 고무주걱으로 3회에 나누어 잘 섞는다. 이 반죽을 준비한 6개의 램킨에 중간 높이까지 담는다. 각 램킨에 커피 가나슈를 4개씩 넣고 남은 반죽을 틀 높이까지 가득 담은 후 스패튤러로 윗면을 고르게 정리한다. 수플레가 쉽게 부풀도록 비닐장갑을 끼고 엄지 손가락으로 램킨 가장자리를 훑어 5mm 정도의 공간을 만든다. 오븐에서 약 15분간 익혀 수플레가 잘 부풀게 한다. 오븐에서 꺼내어 슈거파우더를 뿌리고 바로 서브한다.

화이트 초콜릿 수플레
Soufflés au chocolat blanc

12인분
난이도 ★
준비 시간 30분
굽는 시간 20분

화이트 초콜릿 크렘 파티시에르
화이트 초콜릿 125g
우유 300ml
달걀노른자 4개
설탕 80g
밀가루 20g

달걀흰자 10개
설탕 80g

데커레이션
슈거파우더 약간

수플레 용기 준비하기 p. 141 참고

오븐을 180℃로 예열한다. 지름 8cm의 램킨 12개에 버터를 바르고 설탕을 뿌린다.

화이트 초콜릿 크렘 파티시에르 : 초콜릿을 다져 볼에 담는다. 냄비에 우유를 넣어 끓으면 불에서 내린다. 달걀노른자에 설탕을 넣어 밝은 색을 띠며 되직해질 때까지 거품을 내고 밀가루를 섞는다. 여기에 뜨거운 우유 ½을 넣고 잘 젓는다. 남은 우유를 마저 넣어 섞은 후 모두 냄비에 붓고 약한 불에 올려 나무주걱으로 계속 저어가며 크림이 되직해질 때까지 끓인다. 끓기 시작하면 1분간 더 저어주다가 불에서 내려 초콜릿에 부어 잘 섞는다. 크림 표면을 랩으로 덮어 놓는다.

달걀흰자를 무스 상태로 거품을 낸다. 설탕 ⅓을 조금씩 넣어가며 계속 거품을 내다가 매끈하고 광택이 나면 남은 설탕을 조심스럽게 넣고 단단하게 거품을 올린다.

크렘 파티시에르에 거품 낸 달걀흰자를 고무주걱으로 3회에 나누어 조심스럽게 넣어가며 잘 섞는다. 이를 준비한 램킨 12개에 가득 담고 스패튤러로 윗면을 고르게 정리한다. 수플레가 쉽게 부풀도록 비닐장갑을 끼고 엄지 손가락으로 램킨 가장자리를 훑어 5mm 정도의 공간을 만든다.
오븐에서 약 20분간 익혀 수플레가 잘 부풀어 올라오게 한다. 오븐에서 꺼내자마자 슈거파우더를 뿌리고 바로 서브한다.

초콜릿
Le tout chocolat

6인분
난이도 ★ ★
준비 시간 45분
굽는 시간 15분

초콜릿 소르베
다크 초콜릿 200g
물 250ml
우유 250ml
설탕 170g
카카오 파우더(무가당) 25g

부드러운 초콜릿 수플레
다크 초콜릿 100g
버터 60g
달걀노른자 4개
달걀흰자 4개
설탕 50g

데커레이션
슈거파우더 약간

초콜릿 소르베 : 초콜릿을 잘게 다져 볼에 담는다. 물과 우유, 설탕, 카카오 파우더를 함께 끓인 후 초콜릿에 부어 잘 젓는다. 체에 거른 다음 식혀 아이스크림 기계에 돌린다. 소르베가 만들어지면 사용하기 전까지 냉동한다.

오븐을 180℃로 예열한다. 지름 8cm의 램킨 6개에 버터를 바르고 설탕을 뿌린다.

부드러운 초콜릿 수플레 : 초콜릿을 잘게 다져 버터와 함께 중탕으로 녹인다. 중탕에서 내려 달걀노른자를 섞고 식힌다. 달걀흰자를 무스 상태로 거품을 낸다. 설탕 ⅓을 조금씩 넣어가며 계속 거품을 내다가 매끈하고 광택이 나면 남은 설탕을 조심스럽게 넣고 단단하게 거품을 올린다. 초콜릿에 거품 낸 달걀흰자를 고무주걱으로 잘 섞어가며 3회에 나누어 조심스럽게 넣는다.
램킨에 가득 담고 스패튤러로 윗면을 고르게 정리한다. 수플레가 쉽게 부풀도록 비닐장갑을 끼고 엄지 손가락으로 램킨 가장자리를 훑어 5mm 정도의 공간을 만든다. 오븐에서 약 15분간 익혀 수플레가 잘 부풀어 올라오게 한다.

오븐에서 꺼내자마자 슈거파우더를 뿌리고 초콜릿 소르베와 함께 서브한다.

살구 쿨리와 피스타치오를 곁들인 카라이브 초콜릿 퐁당 슬라이스

Tranche fondante de chocolat Caraïbes, coulis d'abricot et éclats de pistaches

10인분
난이도 ★
준비 시간 1시간
굽는 시간 15분
냉장 시간 하룻밤 + 30분

카라이브 초콜릿 퐁당

실온 버터 150g
카라이브 초콜릿 75g
카카오 파우더(무가당) 90g
달걀노른자 4개
설탕 125g
커피 에센스 1큰술
생크림 300ml

살구 쿨리

살구 500g
설탕 90g
레몬즙 ½개
물 400ml

데커레이션

굵게 다진 피스타치오 약간

카라이브 초콜릿 퐁당 준비 : 볼에 버터를 넣고 주걱으로 부드러운 포마드 상태로 만든다. 초콜릿을 다져 중탕으로 녹인다. 중탕에서 내려 버터와 카카오 파우더를 넣고 매끈한 상태가 될 때까지 거품기로 잘 젓는다. 한쪽에서는 달걀노른자에 설탕을 넣고 거품을 내어 밝은 색을 띠며 되직한 상태가 되면 커피 에센스를 넣어 섞는다. 이를 초콜릿 혼합물에 넣어 고무주걱으로 조심스럽게 섞는다. 생크림은 단단하게 휘핑하여 ⅓을 초콜릿 혼합물에 넣어 조심스럽게 섞고 나머지도 마저 넣어 잘 섞는다. 25×10cm 크기의 자기로 된 테린 용기에 붓는다. 표면을 스패튤러로 고르게 정리하고 랩을 덮어 놓는다. 하룻밤 냉장한다.

살구 쿨리 준비 : 살구는 씻어 물기를 닦고 반으로 잘라 씨를 뺀 다음 작은 조각으로 잘라 냄비에 담고 설탕과 레몬즙을 뿌린다. 물을 첨가하여 끓이다가 끓기 시작하면 불을 줄여 15분간 더 익혀 살구가 부드러워지면 믹서기로 갈아 쿨리를 만들어 30분간 냉장한다. 신맛이 강하면 설탕을 더 넣어도 좋다.

테린 용기를 뜨거운 물에 데워 퐁당을 빼낸다. 뜨거운 물에 미리 담가 둔 칼로 퐁당을 자른다. 접시에 슬라이스한 퐁당을 1~2개 놓고 살구 쿨리를 부은 후 굵게 다진 피스타치오로 장식한다.

셰프의 팁 : 카라이브 초콜릿은 카라이브 섬에서 채취한 카카오 빈을 혼합하여 만든 것으로 그랑크뤼(grand cru)에 속하는 초콜릿 중 하나이다. 카카오 함량은 66%이다.

Saveurs glacées
saveurs à boire

시원한 빙과와 음료

크렘 앙글레즈
만들기

여기에 제시된 크렘 앙글레즈 만드는 방법을 레시피에 따라
알맞게 적용한다(p.222~236의 크렘 글라세).

① 볼에 달걀노른자 5개와 설탕 125g을 넣고 밝은 색이 나며
되직해질 때까지 거품기로 젓는다.

② 냄비에 우유 500ml를 넣고 바닐라 빈은 반으로 갈라
칼 끝으로 씨를 긁어 깍지와 함께 넣어 불에 올린다. 끓으면
불에서 내려 바닐라 향이 우러난 뜨거운 우유를 ①의
달걀노른자에 붓고 거품기로 힘있게 젓는다.

③ 이를 다시 냄비에 붓고 약한 불에 올려 나무주걱으로
계속 저어가며 크림이 되직해질 때까지 익힌다(이때
크림이 끓지 않도록 주의). 나무주걱으로 크림을 떠서
손가락으로 줄을 그어 자국이 지워지지 않으면 크림이
익은 것이다. 불에서 내려 볼에 체를 받쳐 한 번 거른다.
그릇에 얼음을 담고 그 위에 볼을 얹어 가끔씩 저어주면서
크림을 식힌다.

슈 반죽 만들기

여기에 제시된 슈 반죽 만드는 방법을 레시피에 따라
알맞게 적용한다(p.232).

① 냄비에 버터 50g, 물 120ml, 소금 ½작은술, 설탕
½작은술을 넣어 볼에 올린다. 끓으면 불에서 내려 체에
친 밀가루 75g을 넣고 매끈한 반죽이 될 때까지 잘 젓는다.
다시 불에 올려 주걱으로 저어가며 수분을 증발시켜
반죽이 한 덩어리가 되어 냄비에 들러붙지 않는 상태가
되도록 한다.

② 반죽을 볼에 옮겨 5분간 식힌다. 달걀 3개를 하나씩
넣으면서 나무주걱으로 힘있게 젓는다. 4번째 달걀은
다른 볼에 풀어 ½을 넣고 최대한 많은 공기가 들어가도록
잘 섞어 윤기가 돌며 매끈한 상태의 반죽이 되도록 한다.

③ 이 상태에서 주걱으로 반죽을 들어 올렸을 때 'V'를
그리며 떨어지면 완성된 것이다. 그렇지 않으면 풀어 놓은
남은 달걀을 조금씩 넣어가며 상태를 확인한다.

크넬 만들기

레시피에 따라 크넬을 만들고자 하는 재료를 준비한다
(p. 224, 226 또는 p. 240).

① 숟가락 2개를 뜨거운 물에 담가 둔다. 크넬을 만들고자
하는 제품(여기서는 초콜릿 무스를 사용)과 만들어 담을
배 모양의 비스킷도 준비해 둔다.

② 하나의 숟가락으로 무스를 조금 떠서 다른 숟가락으로
옮기며 크넬 모양을 만든다. 이 과정을 여러 번 반복하여
타원형의 매끈한 모양으로 크넬을 다듬는다.

③ 만든 크넬을 배 모양의 비스킷 위에 미끄러뜨리듯
숟가락에서 떼어 올린다.

초콜릿 코포 만들기

초콜릿 200g으로 아래에서 제시하는 2가지 방법 중 하나를 골라 초콜릿 코포를 만들어 p. 218과 같은 디저트의 장식에 활용할 수 있다.

① 첫번째 방법 : 유산지를 깔고 초콜릿 덩어리의 매끈한 쪽이 위로 오게 놓는다. 헤어 드라이기로 초콜릿 윗면을 살짝 데우고 실온에 약 2분간 둔다. 감자 껍질 깎는 칼을 준비한다. 초콜릿을 비스듬하게 세워 잡고 칼날을 초콜릿에 위에 대고 긁어 내려 코포를 만든다. 사용하기 전까지 냉장보관한다.

② 두번째 방법(전문적인 방법) : 초콜릿을 템퍼링한다 (p. 321 참조). 두꺼운 비닐이나 얇고 투명한 플라스틱 판 위에 초콜릿을 부어 스패튤러로 매끈하고 얇게 펴서 굳힌다.

③ 칼날을 알맞은 각도로 비스듬히 잡고 초콜릿을 긁어 코포를 만든다. 사용하기 전까지 냉장보관한다.

다크 초콜릿 아이스크림 뷔슈
Bûche glacée au chocolat noir

12인분

난이도 ★ ★ ★

준비 시간 1시간 15분

굽는 시간 12분

냉동 시간 3시간

진한 다크 초콜릿 비스퀴

다크 초콜릿 100g(카카오 함량 70%)

실온 버터 100g

달걀노른자 4개

달걀흰자 4개

설탕 40g

밀가루 50g

초콜릿 시럽

물 70ml

설탕 75g

카카오 파우더(무가당) 10g

다크 초콜릿 파르페

다크 초콜릿 100g

생크림 300ml

달걀노른자 5개

물 40ml

설탕 45g

초콜릿 샹티이

다크 초콜릿 100g

생크림 200ml

슈거파우더 20g

초콜릿 에클라

다크 초콜릿 250g

오븐을 180℃로 예열한다. 오븐 팬에 유산지를 깔아 놓는다.

진한 다크 초콜릿 비스퀴 : 초콜릿을 다져 중탕으로 녹인다. 중탕에서 내려 버터와 달걀노른자를 넣는다. 달걀흰자에 설탕을 넣어 단단하게 거품을 올려 조심스럽게 초콜릿 혼합물에 섞는다. 밀가루를 첨가하고 잘 섞는다. 이 반죽을 오븐 팬에 1cm 두께로 펴고 오븐에서 12분간 굽는다. 식으면 유산지를 제거한다.

초콜릿 시럽 : 냄비에 물과 설탕을 넣고 끓인다. 카카오 파우더를 넣어 잘 섞은 후 식힌다.

다크 초콜릿 파르페 : 초콜릿을 다져 중탕으로 녹인다. 생크림은 거품기로 들어 올렸을 때 흐르지 않을 정도로 단단하게 휘핑한 후 냉장한다. 달걀노른자도 거품을 낸다. 물과 설탕을 섞어 불에 올려 끓으면 2분간 더 둔다. 이 시럽을 달걀노른자에 부으면서 거품을 내고 되직해지면서 식을 때까지 계속 힘차게 섞는다. 여기에 초콜릿과 휘핑한 생크림을 고무주걱을 이용하여 조금씩 넣어가며 섞는다.

파르페를 길이 35cm의 뷔슈용 틀에 ⅓정도 붓는다. 진한 다크 초콜릿 비스퀴는 3×35cm와 5×35cm 크기로 잘라둔다. 첫번째 비스퀴를 파르페 위에 얹는다. 초콜릿 시럽으로 비스퀴를 적시고 남은 파르페를 모두 붓는다. 두번째 비스퀴도 시럽에 적셔 적신 부분이 파르페에 닿도록 얹고 3시간 냉동한다.

초콜릿 샹티이 : 초콜릿을 다져 중탕으로 녹인다. 생크림은 거품을 내다가 되직해지기 시작하면 슈거파우더를 넣고 거품기로 들어 올렸을 때 흐르지 않을 정도로 단단하게 휘핑한다. 휘핑한 생크림에 초콜릿을 넣어 섞는다. 별모양 깍지를 끼운 짜주머니에 담아 냉장한다.

초콜릿 에클라 : 다크 초콜릿을 템퍼링한다(p.321 참고). 오븐 팬에 유산지를 깔고 초콜릿을 펴 바른 후 냉장한다. 초콜릿이 굳으면 실온 상태로 식혔다가 큰 조각으로 잘라준다.

뜨거운 물에 틀을 담가 뷔슈를 틀에서 빼낸다. 초콜릿 샹티이를 로자스(꽃) 모양으로 짜고 초콜릿 에클라로 장식한다.

리에주 초콜릿
Chocolat liégeois

8인분
난이도 ★
준비 시간 45분
기계 돌리는 시간 30분

초콜릿 크렘 글라세
다크 초콜릿 120g
(카카오 함량 55~70%)
카카오 매스 30g
달걀노른자 6개
설탕 100g
우유 500ml

초콜릿 소스
다크 초콜릿 250g
우유 150ml
생크림 120ml

샹티이
생크림 400ml
슈거파우더 40g

데커레이션
초콜릿 코포 약간
p. 215 참고

초콜릿 크렘 글라세 준비 : 초콜릿과 카카오 매스를 잘게 다져 볼에 담는다. 다른 볼에는 달걀노른자와 설탕을 넣고 밝은 색이 나며 되직해질 때까지 거품을 낸다. 냄비에 우유를 넣고 불에 올려 끓으면 ⅓을 달걀노른자에 부어 거품기로 힘있게 섞는다. 이를 다시 냄비에 붓고 약한 불에 올려 나무주걱으로 계속 저어주며 익힌다. 크림이 되직해지면서 주걱으로 떠서 손가락으로 줄을 그어 자국이 지워지지 않으면 완성(이때 크림이 끓지 않도록 주의). 이 크림 앙글레즈를 초콜릿에 부어 잘 섞은 다음 체에 거르고 얼음물 위에 올려 식힌다. 아이스크림 기계에 넣고 30분간 돌린 후 냉동한다.

초콜릿 소스 : 초콜릿을 다져 볼에 담는다. 냄비에 우유와 생크림을 넣고 끓여 초콜릿에 붓고 고무주걱을 이용하여 잘 섞는다.

샹티이 : 생크림을 휘핑한다. 되직해지기 시작하면 슈거파우더를 넣고 거품기로 들어 올렸을 때 흐르지 않을 정도로 단단하게 휘핑한다. 별모양의 깍지를 끼운 짜주머니에 담는다.

8개의 잔에 초콜릿 크렘 글라세를 스쿠프로 3개씩 담고 샹티이로 로자스(꽃) 모양을 크게 하나 짠다. 초콜릿 소스를 뿌리고 초콜릿 코포로 장식한다.

셰프의 팁 : 카카오 매스가 없을 경우에는 카카오 함량 72%의 다크 초콜릿을 사용한다.

초콜릿 크렘 글라세
Crème glacée au chocolat

8인분
난이도 ★
준비 시간 30분
기계 돌리는 시간 30분

초콜릿 크렘 글라세
다크 초콜릿 120g
(카카오 함량 55~70%)
카카오 매스 30g
달걀노른자 6개
설탕 100g
우유 500ml

초콜릿 소스
다크 초콜릿 250g
우유 150ml
생크림 120ml

초콜릿 크렘 글라세 : 초콜릿과 카카오 매스를 잘게 다져 볼에 담는다. 다른 볼에는 달걀노른자와 설탕 ⅓을 넣고 밝은 색이 나며 되직해질 때까지 거품을 낸다. 냄비에 우유와 나머지 설탕을 넣고 불에 올려 끓으면 ⅓을 달걀노른자에 부어 거품기로 힘있게 섞는다. 이를 다시 냄비에 붓고 약한 불에 올려 나무주걱으로 계속 저어가며 익힌다. 크림이 되직해지면서 주걱으로 떠서 손가락으로 줄을 그어 자국이 지워지지 않으면 완성(이때 크림이 끓지 않도록 주의). 이 크림 앙글레즈를 초콜릿에 부어 잘 섞은 다음 체에 거르고 얼음물 위에 올려 식힌다. 아이스크림 기계에 넣고 30분간 돌린 후 냉동한다.

용기 8개를 냉장고에 넣어둔다.

초콜릿 소스 : 초콜릿을 다져 볼에 담는다. 냄비에 우유와 생크림을 넣고 끓여 초콜릿에 붓고 고무주걱을 이용하여 잘 섞는다.

8개의 용기에 초콜릿 크렘 글라세를 스쿠프로 3~4개씩 담고 뜨거운 초콜릿 소스를 붓는다.

셰프의 팁 : 카카오 매스가 없을 경우에는 카카오 함량 72%의 다크 초콜릿을 사용한다.

초콜릿 크렘 글라세, 뜨거운 커피 사바용
Crème glacée au chocolat, sabayon chaud au café

4인분
난이도 ★ ★ ★
준비 시간 1시간 30분
굽는 시간 8분
기계 돌리는 시간 30분

초콜릿 크렘 글라세
다크 초콜릿 120g
(카카오 함량 55~70%)
카카오 매스 30g
달걀노른자 6개
설탕 100g
우유 500ml

비스퀴 퀴이예르
달걀흰자 3개
설탕 75g
달걀노른자 3개
밀가루 75g

커피 시럽
물 50ml
설탕 50g
럼 2큰술
커피 리큐르 1큰술

커피 사바용
달걀노른자 4개
설탕 100g
인스턴트 커피 8g
물 100ml
커피 리큐르 1작은술

샹티이 100ml
카카오 파우더 (무가당) 약간

초콜릿 크렘 글라세 : 초콜릿과 카카오 매스를 잘게 다져 볼에 담는다. 다른 볼에는 달걀노른자와 설탕 ½을 넣고 밝은 색이 나며 되직해질 때까지 거품을 낸다. 냄비에 우유와 나머지 설탕을 넣고 불에 올려 끓으면 ⅓을 달걀노른자에 부어 거품기로 힘있게 섞는다. 이를 다시 냄비에 붓고 약한 불에 올려 나무주걱으로 계속 저어가며 익힌다. 크림이 되직해지면서 주걱으로 떠서 손가락으로 줄을 그어 자국이 지워지지 않으면 완성(이때 크림이 끓지 않도록 주의). 이 크렘 앙글레즈를 초콜릿과 카카오 매스에 부어 잘 섞은 다음 체에 거르고 얼음물 위에 올려 식힌다. 아이스크림 기계에 넣고 30분간 돌린 후 냉동한다.

비스퀴 퀴이예르 : 오븐을 180℃로 예열한다. 오븐 팬에 유산지를 깔고 그 위에 지름 8cm 크기의 원 4개를 그린다. 달걀흰자는 무스 상태로 거품을 낸다. 설탕 ⅓을 조금씩 넣어가며 거품을 내다가 나머지 설탕을 마저 넣고 단단하게 거품을 올린다. 달걀노른자와 밀가루를 차례로 넣고 섞는다. 이 반죽을 원형 깍지를 끼운 짜주머니에 담는다. 미리 그려놓은 4개의 원 중심에서 바깥 쪽으로 나선형으로 반죽을 짠다. 오븐에서 8분간 굽는다. 식으면 유산지를 떼어낸다.

커피 시럽 : 냄비에 물과 설탕을 넣어 끓인다. 식으면 럼과 커피 리큐르를 넣는다.

커피 사바용 : 달걀노른자에 설탕을 넣어 중탕으로 거품을 낸다. 여기에 물에 녹인 인스턴트 커피를 넣고 계속 거품을 올려 밝은 색의 되직한 리본 상태가 되도록 한다(거품기를 들어 올렸을 때 끊기지 않고 리본 모양으로 흐르면 완성). 커피 리큐르를 넣는다. 각 접시에 지름 10cm 크기의 원형 틀을 올린다. 커피 시럽에 적신 원형 비스퀴를 넣고 크렘 글라세를 채운다. 틀을 빼고 샹티이로 장식한 다음 그 위에 뜨거운 사바용을 붓고 카카오 파우더를 뿌려 완성한다.

듀오 핫초콜릿과 바닐라 아이스크림, 향신료 크로캉

Duo chocolat chaud-glace vanille et croquants aux épices

8인분
난이도 ★★
준비 시간 1시간 30분
냉장 시간 하룻밤
기계 돌리는 시간 30분
굽는 시간 20분

향신료 크로캉 반죽

설탕 100g
황설탕 25g
밀가루 200g
버터 100g
소금 약간
베이킹파우더 ½작은술(2.5g)
넛멕 파우더 약간
계핏가루 ½작은술
우유 20ml
달걀 1개

바닐라 아이스크림

달걀노른자 5개
설탕 125g
우유 500ml
바닐라 빈 1개
생크림 50ml

핫 초콜릿

다크 초콜릿 250g
프랄린 페이스트 50g
(p. 320 참고)
우유 500ml
생크림 200ml

크넬 만들기 p. 214 참고

향신료 크로캉 반죽 준비 : 설탕, 황설탕, 밀가루, 버터를 함께 섞어 부슬부슬한 상태로 만든다. 여기에 소금과 베이킹파우더, 넛멕과 계핏가루를 넣어 섞고, 우유와 달걀을 첨가한 후에 반죽이 균일해질 때까지 섞는다(이때 너무 많이 치대지 않도록 주의). 반죽을 랩에 싸서 하룻밤 냉장한다.

바닐라 아이스크림 준비 : 달걀노른자에 설탕 ½을 넣고 밝은 색이 나며 되직해질 때까지 거품기로 섞는다. 냄비에 우유와 나머지 설탕을 넣고, 바닐라 빈은 세로로 반 갈라 칼끝으로 씨를 긁어 깍지와 함께 넣어 불에 올린다. 끓으면 ⅓을 달걀노른자와 설탕을 섞은 볼에 부어 거품기로 힘있게 섞는다. 이를 다시 냄비에 붓고 약한 불에 올려 나무주걱으로 계속 저어주며 익힌다. 크림이 되직해지면서 주걱으로 떠서 손가락으로 줄을 그어 자국이 지워지지 않으면 완성(이때 크림이 끓지 않도록 주의). 생크림을 섞고 체에 한 번 거른 후 얼음물 위에 올려 식힌다. 아이스크림 기계에 넣고 30분간 돌린 후 냉동한다.

오븐을 175℃로 예열한다. 오븐 팬에 유산지를 깔아 놓는다. 향신료 크로캉 반죽을 밀대로 얇게 밀어 2×10cm 크기로 잘라 오븐 팬에 가지런히 올려 오븐에서 20분간 굽는다. 식힘망에 올려 식힌다.

핫 초콜릿 : 초콜릿을 굵게 다져 프랄린 페이스트와 함께 볼에 담는다. 우유와 생크림을 끓여 초콜릿과 프랄린 페이스트가 담긴 볼에 붓는다. 거품기로 힘있게 섞고 체에 한 번 거른다.

가운데가 오목한 접시 8개에 핫 초콜릿을 한 국자씩 담는다. 바닐라 아이스크림은 숟가락 2개를 이용하여 크넬을 만들어 2개씩 접시에 놓는다. 가장자리에 향신료 크로캉을 2개씩 놓고 곧바로 서브한다.

딸기수프 안의 상큼한 화이트 초콜릿 섬
Fraîcheur chocolat blanc des îles et sa soupe de fraises

8인분
난이도 ★
준비 시간 30분
향 우려내는 시간 30분
냉장 시간 6시간 30분

상큼한 화이트 초콜릿 섬
화이트 초콜릿 150g
패션프루츠 과즙 150ml
코코넛 밀크 250ml
바닐라 빈 1개

딸기수프
레몬그라스 2개
딸기 700g

데커레이션
바닐라 빈

크넬 만들기 p. 214 참고

상큼한 화이트 초콜릿 섬 : 초콜릿을 다져 볼에 담는다. 냄비에 패션프루츠 과즙과 코코넛 밀크를 넣고, 바닐라 빈은 세로로 반 갈라 씨를 긁어 깍지와 함께 넣어 끓인다. 불에서 내려 30분간 우려낸 후 깍지는 건져 물에 헹궈 데커레이션용으로 따로 둔다. 나머지는 초콜릿에 부어 잘 섞은 다음 식혀 6시간 동안 냉장한다.

딸기수프 : 레몬그라스와 딸기 200g을 굵게 다진 후 믹서기에 넣고 갈아 체에 한 번 거른다. 나머지 딸기는 씻어서 꼭지를 따고 4등분으로 자른다. 여기에 갈아놓은 딸기, 레몬그라스에 넣고 차가워지도록 30분간 냉장한다.

딸기수프를 8개의 작은 그릇에 나누어 담는다. 상큼한 화이트 초콜릿 섬은 2개의 숟가락을 이용하여 크넬을 만들어 4개씩 그릇에 담는다. 바닐라 빈으로 장식한다.

캐러멜화한 피칸을 곁들인
아니스향 화이트 초콜릿 아이스크림

Glace au chocolat blanc anisé
et aux noix de pécan caramélisées

8인분
난이도 ★
준비 시간 35분
기계 돌리는 시간 30분
냉동 시간 4시간

캐러멜화한 피칸
설탕 50g
피칸 160g
버터 15g

아니스향 화이트 초콜릿 아이스크림
화이트 초콜릿 150g
달걀노른자 6개
설탕 100g
우유 500ml
파스티스 ½작은술

크넬 만들기 p. 214 참고

캐러멜화한 피칸 : 냄비에 설탕을 넣고 불에 올려 녹기 시작하면 피칸을 넣고 나무주걱으로 저어주면서 1~2분간 익힌다. 마지막에 버터를 넣는다.

아니스향 화이트 초콜릿 아이스크림 : 초콜릿을 잘게 다져 볼에 담는다. 다른 볼에는 달걀노른자와 설탕 ½을 넣고 밝은 색이 나며 되직해질 때까지 거품기로 섞는다. 냄비에 우유와 나머지 설탕을 넣고 불에 올려 끓으면 ⅓을 달걀노른자에 부어 거품기로 힘있게 섞는다. 이를 다시 냄비에 붓고 약한 불에 올려 나무주걱으로 계속 저어가며 익힌다. 크림이 되직해지면서 주걱으로 떠서 손가락으로 줄을 그어 자국이 지워지지 않으면 완성(이때 크림이 끓지 않도록 주의). 이 크렘 앙글레즈를 초콜릿에 부어 잘 섞은 다음 체에 거르고 얼음물 위에 올려 식힌다. 파스티스를 넣고 아이스크림 기계에 넣고 30분간 돌린 후 캐러멜화한 피칸 ½을 넣어 섞고 냉동한다.

아니스향 화이트 초콜릿 아이스크림은 숟가락 2개를 이용하여 크넬을 만들어 8개의 오목한 접시에 3개씩 담는다. 남겨둔 캐러멜화한 피칸으로 장식한다.

초콜릿 그라니테
Granité au chocolat

4인분
난이도 ★
준비 시간 10분
냉동 시간 2시간

다크 초콜릿 50g
물 200ml
설탕 40g

초콜릿을 다져 볼에 담는다. 냄비에 물과 설탕을 넣고 설탕이 완전히 녹을 정도로 데운다. 이를 초콜릿에 부어 잘 섞는다.

넓은 그릇에 최대 1cm 두께로 부어 2시간 냉동한다. 가끔씩 포크로 저어주고 반 정도 얼면 얼음을 잘게 부순다.

2시간 후 그라니테를 4개의 큰 잔에 나누어 담아 곧바로 서브한다.

초콜릿 누가 글라세
Nougat glacé au chocolat

6인분
난이도 ★ ★ ★
준비 시간 45분
굽는 시간 5분
냉동 시간 1시간

누가틴
아몬드 슬라이스 70g
설탕 95g

프랑스 머랭
달걀흰자 2개
설탕 125g

다크 초콜릿 85g(카카오 함량 66%)
생크림 250ml
다진 과일 당 절임 75g
키르슈 1큰술
샹티이 200ml
아마레나 체리 약간

오븐을 150℃로 예열한다. 오븐 팬에 유산지를 깔아 놓는다.

누가틴 : 오븐 팬에 아몬드를 펼쳐 놓고 오븐에 넣어 5분간 살짝 색이 날 정도로 굽는다. 냄비에 설탕을 넣고 10분간 끓여 밝은 색의 캐러멜을 만든다(설탕 공예용 온도계로 170℃). 여기에 아몬드를 넣고 조심스럽게 섞는다. 오븐 팬에 유산지를 깔고 누가틴을 붓고 유산지 한 장을 덮은 다음 2mm 두께가 되도록 밀대로 민다. 식으면 마른 행주로 싸고 밀대로 누가틴을 부순다.

프랑스 머랭 : 달걀흰자를 무스 상태로 거품낸다. 계속 거품을 내면서 설탕 ⅓을 조금씩 넣어주어 매끈하고 광택이 나도록 한다. 나머지 설탕을 조심스럽게 넣고 단단하게 거품을 내어 거품기로 떠 올렸을 때 새부리 모양이 나오도록 한다.
냉장고에 보관한다.

초콜릿을 다져 중탕으로 녹인다. 생크림은 거품기로 들어 올렸을 때 흐르지 않을 정도로 단단하게 휘핑한 후 녹인 초콜릿을 조심스럽게 섞는다. 초콜릿 크림을 3회에 나누어 프랑스 머랭에 넣어 섞는다. 굵게 부순 누가틴, 다진 과일 당 절임, 키르슈를 섞는다. 이것을 길이 22cm, 높이 5cm의 테린 용기에 부어 1시간 냉동한다.

테린 용기를 뜨거운 물에 담갔다가 꺼내 누가를 빼낸다. 이 초콜릿 누가 글라세를 얇게 잘라 6개의 접시에 나누어 담는다. 깍지를 끼운 짜주머니에 샹티이를 담아 로자스(꽃) 모양으로 짜준다. 그 위에 아마레나 체리를 올리고 바로 서브한다.

셰프의 팁 : 아마레나 체리가 없다면 데커레이션으로 그리오트를 이용할 수 있다. 또한 누가 글라세에 그리오트 쿨리를 곁들여도 좋다.

초콜릿 파르페와 바질향 오렌지 크림
Parfait glacé au chocolat, crème d'orange au basilic

6인분
난이도 ★ ★
준비 시간 1시간 15분
냉동 시간 2시간

다크 초콜릿 파르페
다크 초콜릿 100g
생크림 300ml
달걀노른자 5개
물 50ml
설탕 45g

바질향 오렌지 크림
바질 150g
달걀노른자 4개
설탕 90g
오렌지주스 350ml

과일
오렌지 2개
자몽 1개

데커레이션
작은 바질잎

다크 초콜릿 파르페 : 초콜릿을 다져 중탕으로 녹인다. 생크림은 거품기로 들어 올렸을 때 흐르지 않을 정도로 단단하게 휘핑한 후 냉장한다. 다른 볼에는 달걀노른자를 넣고 밝은 색이 날 때까지 젓는다. 냄비에 물과 설탕을 넣고 불에 올려 끓으면 2분간 더 둔다. 이 시럽을 달걀노른자에 조심스럽게 부으면서 계속 거품을 올려 되직한 상태로 식힌다. 고무주걱을 이용하여 녹인 초콜릿을 조금씩 넣어 섞고 이어서 휘핑한 생크림도 섞는다. 이를 도기로 된 18×7cm 크기의 테린 용기에 부어 2시간 동안 냉동한다.

바질향 오렌지 크림 : 바질은 씻어 물기를 없앤다. 볼에 달걀노른자와 설탕을 넣고 밝은 색이 나며 되직해질 때까지 거품기로 섞는다. 냄비에 오렌지주스와 바질을 넣고 끓인 후 ⅓을 달걀노른자에 부어 힘있게 섞는다. 이를 다시 냄비에 넣고 약한 불에 올려 나무주걱으로 계속 저어주며 익힌다(이때 크림이 끓지 않도록 주의). 크림을 체에 거르고 식으면 냉장한다.

과일 준비 : 날이 선 칼로 오렌지와 자몽의 살을 발라낸다(과일의 곡선을 따라 껍질과 흰 부분을 잘라내고, 한 조각씩 하얀 막을 따라 칼을 넣어 과육만 잘라낸다).

냉동실에서 초콜릿 파르페를 꺼내 뜨거운 행주로 그릇을 감싸고 빼내어 얇게 자른다. 6개의 볼에 오렌지 크림을 담고 파르페 슬라이스와 과일 세그먼트를 놓는다. 바질 잎으로 장식한다.

아름다운 엘렌을 위한 배
Poires Belle-Hélène

6인분
난이도 ★
준비 시간 1시간
냉장 시간 2시간
기계 돌리는 시간 30분

시럽에 절인 배
작은 서양배 6개
레몬 ½개
물 700ml
설탕 250g
바닐라 빈 ½개

바닐라 아이스크림
달걀노른자 5개
설탕 125g
우유 500ml
바닐라 빈 1개
생크림 50ml

초콜릿 소스
초콜릿 135g
버터 15g
더블 크림 150ml

시럽에 절인 배 : 배는 껍질을 벗겨 반으로 갈라 씨를 빼고 레몬으로 문질러 갈변하는 것을 막는다. 냄비에 물과 설탕을 넣고 바닐라 빈은 세로로 갈라 칼끝으로 씨를 긁어 깍지와 함께 넣어 끓인다. 여기에 배를 넣고 20분간 약한 불에서 배의 텍스처가 부드러워지도록 익힌다. 볼에 배와 바닐라 시럽을 넣어 2시간 정도 냉장한다.

바닐라 아이스크림 : 볼에 달걀노른자와 설탕 ½을 넣고 밝은 색이 나며 되직해질 때까지 거품기로 섞는다. 냄비에 우유와 나머지 설탕을 넣고 바닐라 빈은 세로로 갈라 칼끝으로 씨를 긁어 깍지와 함께 넣어 불에 올린다. 끓으면 ⅓을 달걀노른자에 부어 거품기로 힘있게 섞는다. 이를 다시 냄비에 붓고 약한 불에 올려 나무주걱으로 계속 저어가며 익힌다. 크림이 되직해지면서 주걱으로 떠서 손가락으로 줄을 그어 자국이 지워지지 않으면 완성(이때 크림이 끓지 않도록 주의). 여기에 생크림을 섞고 체에 한 번 거른 후 얼음물 위에 올려 식힌다. 아이스크림 기계에 30분간 돌리고 냉동한다.

초콜릿 소스 : 초콜릿을 잘게 다져 버터, 크림과 함께 중탕으로 녹인다.

유리잔 6개에 아이스크림 한 스쿠프와 시럽에 절인 배 2조각을 담고 따뜻한 초콜릿 소스를 부어 곧바로 서브한다.

초콜릿 소스를 곁들인 프로피테롤 글라세
Profiteroles glacées, sauce au chocolat

6인분
난이도 ★ ★
준비 시간 45분
굽는 시간 25분

슈 반죽
버터 50g
물 120ml
소금 ½작은술
설탕 ½작은술
체에 친 밀가루 75g
달걀 4개 + 달걀 1개(달걀물용)

초콜릿 소스
다크 초콜릿 100g
우유 60ml
버터 50g

가르니튀르
바닐라 아이스트림 500ml

슈 반죽 만들기 p. 213 참고

오븐을 180℃로 예열한다. 오븐 팬에 버터를 바른다.

슈 반죽 : 냄비에 물, 버터, 소금, 설탕을 넣고 끓인다. 불에서 내려 체에 친 밀가루를 한꺼번에 넣고 나무주걱을 이용하여 매끈한 반죽이 되도록 잘 저어준다. 다시 불에 올려 주걱으로 저어주며 수분을 증발시켜 반죽이 한 덩어리가 되어 냄비에 들러붙지 않는 상태가 되도록 한다. 볼에 옮겨 5분간 반죽을 식힌다.

달걀 3개를 하나씩 넣으면서 나무 주걱으로 힘있게 저어준다. 4번째 달걀은 다른 볼에 풀어 ½을 먼저 넣어 윤기가 돌며 매끈한 상태의 반죽이 되도록 잘 섞는다. 이 과정에서 반죽에 최대한 많은 공기가 들어가게 한다. 나무주걱으로 반죽을 들어올렸을 때 'V'를 그리며 떨어지면 완성. 그렇지 않으면 남은 풀어놓은 달걀을 조금씩 넣어가며 상태를 확인한다.

순가락이나 원형깍지를 끼운 짜주머니를 이용하여 오븐 팬 위에 지름 2~3cm의 원형으로 짠다. 달걀물을 바르고 오븐에 넣어 15분간 굽는다. 굽는 동안 오븐 문을 열지 않도록 주의한다. 이어서 165℃로 온도를 낮추어 10분간 더 구워 옅은 갈색이 나게 한다. 슈를 살짝 두드려 보아 속이 빈 소리가 나면 구워진 것. 오븐에서 꺼내 식힘망에 올린다.

초콜릿 소스 : 초콜릿을 잘게 다진다. 우유를 끓여 불에서 내린 후 초콜릿에 넣는다. 잘 섞어주고 버터를 넣어 따뜻한 곳에 소스를 둔다.

슈를 반으로 잘라 바닐라 아이스크림으로 속을 채우고 나머지 슈로 덮는다. 위에 따뜻한 초콜릿 소스를 부어 곧바로 서브한다.

붉은 과일 쿨리를 곁들인 초콜릿 소르베
Sorbet au chocolat sur coulis de fruits rouges

8인분
난이도 ★
준비 시간 30분
기계 돌리는 시간 20분
냉장 시간 10분

초콜릿 소르베
다크 초콜릿 200g
카카오 파우더(무가당) 80g
물 500ml
설탕 120g

붉은 과일 쿨리
산딸기 또는 붉은 과일 200g
레몬즙 약간
슈거 파우더 30g

데커레이션(선택)
산딸기 약간

크넬 만들기 p. 214 참고

초콜릿 소르베 : 초콜릿을 잘게 다져 볼에 담는다. 냄비에 먼저 물 ¼과 카카오 파우더를 풀고 남은 물과 설탕을 넣어 한 번 끓인다. 이를 다진 초콜릿에 부어 섞고 체에 걸러 식힌다. 아이스크림 기계에 넣고 20분간 돌린 후 냉동한다.

붉은 과일 쿨리 : 붉은 과일에 레몬즙을 몇 방울 넣고 믹서기로 간다. 여기에 취향에 따라 슈거파우더를 넣는다. 쿨리를 체에 한 번 걸러 10분간 냉장한다.

8개의 작은 볼에 쿨리를 나누어 담는다. 순가락 2개를 이용하여 초콜릿 소르베로 크넬을 만들어 하나씩 볼에 담고 산딸기로 장식한다.

셰프의 팁 : 냉동한 붉은 과일도 쿨리를 만드는데 적합하다.

초콜릿 수플레 글라세
Soufflés glacés tout chocolat

4인분
난이도 ★ ★
준비 시간 30분
냉동 시간 6시간
냉장 시간 15분

초콜릿 크림
다크 초콜릿 300g
달걀노른자 7개
설탕 225g
우유 250ml
생크림 400ml

프랑스 머랭
달걀흰자 4개
설탕 80g

데커레이션
슈거파우더 약간

지름 8cm의 수플레 용기 4개에 용기 위로 3cm 정도 올라오게 유산지 띠를 두 번 둘러 고정시킨다.

초콜릿 크림 : 초콜릿을 잘게 다져 중탕으로 녹인다. 볼에 달걀노른자와 설탕을 넣고 밝은 색이 나며 되직해질 때까지 거품을 낸다. 냄비에 우유를 넣고 불에 올려 끓으면 ⅓을 달걀노른자와 설탕 섞은 것에 부어 힘있게 섞는다. 이를 모두 냄비에 넣고 약한 불에서 나무주걱으로 계속 저어가며 익힌다. 크림이 되직해지면서 주걱으로 떠서 손가락으로 줄을 그어 자국이 지워지지 않으면 완성(이때 크림이 끓지 않도록 주의). 체에 거른 후 녹인 초콜릿을 섞어 식혀둔다. 생크림은 거품기로 들어 올렸을 때 흐르지 않을 정도로 휘핑하고 여기에 초콜릿 크림을 조심스럽게 섞는다.

이 크림을 수플레 용기에 나누어 담는다. 이때 유산지 띠 높이에서 0.5cm는 머랭을 담을 공간으로 남겨둔다. 6시간 동안 냉동한다(수플레 글라세).

프랑스 머랭 : 달걀흰자를 무스 상태로 거품을 낸다. 설탕 ⅓을 조금씩 넣어가며 계속 거품을 내다가 달걀흰자가 매끈하고 광택이 나면 남은 설탕을 조심스럽게 넣고 거품을 단단하게 올린다. 거품기로 들어 올렸을 때 새부리 모양이 나오도록 한다.

수플레 글라세를 냉동실에서 꺼내 0.5cm 두께로 머랭을 채운다. 뜨거운 물에 담가둔 빵칼로 머랭 위에 물결무늬를 만든다. 이를 15분간 냉장하여 머랭을 굳힌다.

그릴 오븐을 최대한 뜨겁게 달군다.

그릴에 수플레를 놓아 머랭에 색이 날 때까지 잠깐 둔다. 유산지를 떼어내고 슈거파우더를 뿌려 바로 서브한다.

나폴리풍 아이스크림
Tranche napolitaine

8인분
난이도 ★ ★
준비 시간 45분
냉동 시간 3시간

화이트 초콜릿 무스
화이트 초콜릿 50g
판 젤라틴 1장
생크림 150ml
설탕 20g
물 20ml

밀크 초콜릿 무스
밀크 초콜릿 50g
판 젤라틴 1장
생크림 150ml
설탕 20g
물 20ml

다크 초콜릿 무스
생크림 150ml
다크 초콜릿 60g

화이트 초콜릿 무스 : 초콜릿을 다져 중탕으로 녹인다. 젤라틴은 찬물에 불려둔다. 생크림은 거품기로 들어 올렸을 때 흐르지 않을 정도로 휘핑하고 냉장한다. 물에 설탕을 녹이고 약한 불에 올려 한 번 끓인다. 이를 녹인 초콜릿에 붓고 거품기로 힘있게 섞는다. 여기에 휘핑한 생크림을 조심스럽게 섞는다. 화이트 초콜릿 무스를 25×10cm 크기의 틀에 붓고 스패튤러로 윗면을 고르게 정리한 후 냉동한다.

밀크 초콜릿 무스 : 화이트 초콜릿 대신에 밀크 초콜릿을 사용하여 위와 동일한 방법으로 만든다. 냉동실에 넣어 둔 틀을 꺼내어 화이트 초콜릿 무스 위에 밀크 초콜릿 무스를 붓는다. 스패튤러로 윗면을 정리하고 다시 냉동한다.

다크 초콜릿 무스 : 생크림은 거품기로 들어 올렸을 때 흐르지 않을 정도로 휘핑하고 냉장한다. 다크 초콜릿은 다져 중탕으로 녹인다. 여기에 고무주걱을 이용하여 휘핑한 생크림을 조심스럽게 넣어 섞는다.

냉동실에서 틀을 꺼내어 다크 초콜릿 무스를 붓고 스패튤러로 윗면을 고르게 한 후 3시간 동안 냉동한다.

냉동실에서 꺼내서 얇게 잘라 바로 서브한다. 또는 틀을 뜨거운 물에 담갔다가 아이스크림을 빼내어 통째로 접시에 내도 좋다.

트뤼프 글라세
Truffes glacées

12개
난이도 ★
준비 시간 30분
냉동 시간 90분

초콜릿 크렘 글라세 250㎖

코팅용 가나슈
다크 초콜릿 250g
생크림 250㎖
설탕 45g(2.5큰술)
체에 친 카카오 파우더(무가당) 약간

오븐 팬에 유산지를 깔아 냉동실에 넣어둔다.

순가락을 이용하여 크렘 글라세를 작고 둥근 공모양으로 12개 만들어 냉동실에 넣어 둔 오븐 팬 위에 놓고 1시간 냉동한다.

코팅용 가나슈 : 다크 초콜릿을 다져 볼에 담는다. 냄비에 생크림과 설탕을 넣고 설탕이 완전히 녹을 정도로 데워 초콜릿에 붓는다. 초콜릿이 녹도록 잠시 두었다가 잘 섞어주고 가나슈가 식을 때까지 10분 간격으로 한 번씩 젓는다.

가운데가 오목한 접시에 체에 친 카카오 파우더를 준비한다. 공모양의 크렘 글라세가 굳으면 코팅용 가나슈에 하나씩 담갔다가 카카오 파우더에 굴린다. 서브하기 전 적어도 30분은 냉동한다.

셰프의 팁 : 트뤼프 글라세는 카카오 파우더를 묻히기 전 단계까지 만들어 밀폐용기에 넣어 보름간 냉동 보관이 가능하므로 서브하기 전 꺼내어 카카오 파우더에 굴려주면 된다. 단, 코팅용 가나슈는 사용하기 전에 크렘 글라세가 녹지 않도록 충분히 차가워야 한다. 이때 너무 차가우면 가나슈가 두껍게 입혀질 수 있으니 주의한다.

다크 초콜릿 크림과 살구 콩포트, 천일염 크럼블을 곁들인 차가운 테린
Verrines glacées au chocolat noir, compote d'abricot et crumble à la fleur de sel

10인분
난이도 ★ ★
준비 시간 45분
냉동 시간 30분
굽는 시간 20분

다크 초콜릿 크림
다크 초콜릿 80g
생크림 200ml
달걀노른자 3개
설탕 20g

천일염 크럼블
버터 50g
설탕 50g
밀가루 50g
베이킹파우더 약간
아몬드 파우더 50g
천일염(플뢰르 드 셀) 약간

살구 콩포트
버터 20g
설탕 40g
통조림 살구(반쪽짜리) 12조각
바닐라 에센스 1~2방울

데커레이션
슈거파우더 약간

다크 초콜릿 크림 : 초콜릿을 다져 볼에 담는다. 냄비에 생크림을 넣고 끓인다. 다른 볼에는 달걀노른자와 설탕을 넣고 밝은 색이 나며 되직해질 때까지 거품을 낸다. 그 위에 끓인 생크림 ⅓을 붓고 거품기로 힘있게 섞는다. 이를 다시 냄비에 붓고 약한 불에 올려 나무주걱으로 계속 저어가며 익힌다. 크림이 되직해지면서 주걱으로 떠서 손가락으로 줄을 그어 자국이 지워지지 않으면 완성(이때 크림이 끓지 않도록 주의). 체에 걸러 초콜릿에 붓고 잘 섞는다.

10개의 작은 유리잔에 다크 초콜릿 크림을 약 2cm 높이로 나누어 담아 30분간 냉동한다.

오븐을 160℃로 예열한다. 오븐 팬에 유산지를 깔아 놓는다.

천일염 크럼블 : 볼에 모든 재료를 넣고 부슬부슬한 상태가 되도록 섞는다. 오븐 팬에 놓고 20분간 굽는다. 크럼블이 미지근해지면 작은 조각으로 부순다.

살구 콩포트 : 냄비에 버터와 설탕을 넣고 약한 불에 올린다. 통조림 살구, 통조림에 들어있는 시럽 100ml, 바닐라 에센스를 넣고 끓여 부드러운 상태의 콩포트를 만들어 식힌다.

냉동실에서 유리잔을 꺼내 차가워진 콩포트를 약 2cm 높이로 담는다. 그 위에 크럼블 조각을 담고 슈거파우더를 뿌려 바로 서브한다.

핫 초콜릿
Chocolat chaud

6인분
난이도 ★
준비 시간 15분

우유 1ℓ
더블 크림 250ml
다크 초콜릿 120g
계핏가루 1작은술
검은 통후추 1개
설탕 2큰술(30g)

냄비에 우유와 크림을 넣고 천천히 끓인다.

다크 초콜릿을 다져 냄비에 넣고 계핏가루와 통후추, 설탕도 함께 넣는다.
나무주걱으로 가끔씩 저어주며 10분간 데운다.

핫 초콜릿을 체에 거른 후 6개의 잔에 나눠 담는다.

세프의 팁 : 핫 초콜릿은 몇 시간 정도 냉장했을 때 맛이 가장 좋다. 사흘 정도 보관이
가능하며 서브하기 바로 전에 데운다. 장식으로 마시멜로를 넣어도 좋다.

크림 거품을 얹은 차가운 초콜릿 밀크
Lait glacé au chocolat et écume de crème

6인분
난이도 ★
준비 시간 20분
냉동 시간 30분

차가운 초콜릿 밀크
우유 500ml
다크 초콜릿 80g

크림 거품
생크림 100ml
설탕 10g

차가운 초콜릿 밀크 : 초콜릿을 다져 볼에 담는다. 우유를 끓여 초콜릿에 부어 잘 섞는다. 이를 6개의 마티니 잔에 나누어 담고 30분간 냉동한다.

크림 거품 : 생크림과 설탕을 휘핑기에 넣는다. 휘핑가스를 넣고 휘핑기를 힘있게 흔들어 가스가 크림과 잘 혼합되도록 한다. 휘핑기를 거꾸로 들고 차가운 초콜릿 밀크 위에 크림 거품을 조금씩 짜준다. 바로 서브한다.

초콜릿 밀크 셰이크
Milk-shake au chocolat

6~8인분
난이도 ★
준비 시간 20분
냉장 시간 1시간

우유 200ml
카카오 파우더(무가당) 3작은술
설탕 2작은술
바닐라 아이스크림 6스쿠프
초콜릿 아이스크림 5스쿠프
얼음 조각 6개

냄비에 우유 ½, 카카오 파우더, 설탕을 넣고 끓인다. 나머지 우유를 넣어 섞고 불에서 내려 식힌 후 1시간 냉장한다.

이를 아이스크림, 얼음과 함께 믹서기에 넣고 최대 속도로 1~2분간 돌린다. 6~8개의 잔에 초콜릿 밀크 셰이크를 나누어 담아 바로 서브한다.

초콜릿 수프, 스타아니스에 절인 파인애플 꼬치와 파인애플 크로캉

Soupe au chocolat, brochette d'ananas macéré à l'anis étoilé et ananas craquant

6인분
난이도 ★
준비 시간 30분
냉장 시간 하룻밤
굽는 시간 4~5시간
향 우려내는 시간 30분

**스타아니스에 절인 파인애플과
파인애플 크로캉**
파인애플 1개
물 500ml
설탕 150g
스타아니스(팔각) 4개
슈거파우더 약간

초콜릿 수프
우유 150ml
잡화꿀 10g
바닐라 빈 ½개
다진 다크 초콜릿 100g

스타아니스에 절인 파인애플 준비 : 파인애플은 껍질을 벗기고 가로로 반을 자른다. 반은 다시 조각으로 자르고 나머지 반은 파인애플 크로캉을 위해 따로 둔다. 냄비에 물, 설탕, 스타아니스를 넣고 끓여 시럽을 만든다. 시럽을 파인애플 조각에 부어 냉장고에서 하룻밤 동안 재운다.

오븐을 80℃로 예열한다. 오븐 팬에 유산지를 깔아 놓는다.

파인애플 크로캉: 나머지 반 개의 파인애플을 아주 얇게 썰어 오븐 팬에 펼쳐놓고 슈거파우더를 뿌려 오븐에서 4~5시간 동안 말린다.

초콜릿 수프 준비 : 냄비에 우유와 꿀을 넣고 바닐라 빈은 반을 갈라 칼끝으로 씨를 긁어 깍지와 함께 넣어 끓인다. 불에서 내려 30분간 향을 우려낸 후 깍지는 건져내고 다진 초콜릿에 부어 잘 섞어 미지근하게 식힌다.

6개의 꼬치에 스타아니스 시럽에 절인 파인애플 조각을 끼운다. 미지근해진 초콜릿 수프를 6개의 램킨에 나누어 담고 파인애플 꼬치와 크로캉을 하나씩 놓는다.

Petits goûterts à partager

여럿이 나눠 먹기 좋은 간식

슈에 속 채우기

슈 반죽을 준비하고, 구운 후 선택한 레시피에 따라
충전용 크림을 준비한다(p. 280 또는 p. 312 참고).

① 끝이 뾰족한 원형 깍지를 준비한다. 짜주머니에 조금
더 큰 원형깍지를 끼우고 크림을 채운다. 슈의 평평한
바닥 쪽이 위를 향하게 놓는다.

② 슈를 손으로 잡고 평평한 면 쪽에 끝이 뾰족한 깍지로
2~3개의 구멍을 뚫는다.

③ 슈의 작은 구멍에 깍지를 끼운 짜주머니를 눌러
크림으로 속을 채운다.

초콜릿 틀 만들기

선택한 레시피에 지시된 틀(코르네, 종이틀…)에 따라
알맞게 적용한다(p. 276 참고).

① 붓, 작은 칼, 템퍼링한 초콜릿(p. 321 참고) 적당량,
그리고 종이 코르네를 준비한다.

② 종이로 만든 코르네 안에 템퍼링한 초콜릿을 붓으로
얇게 펴 바른 후 여분의 초콜릿을 흘려내기 위해 엎어
놓는다. 실온에서 30분간 굳을 때까지 둔다. 먼저 발라 둔

초콜릿이 굳으면 그 위에 다시 한 번 초콜릿 칠을 한다.
세 번째 칠은 상태를 보고 필요하면 한다.

③ 초콜릿이 완전히 굳으면 코르네에서 종이를 벗겨서
떼어낸 후 사용 전까지 서늘한 곳에서 보관한다.

바통 드 마레쇼
Bâtons de maréchaux

75개
난이도 ★ ★
준비 시간 1시간
굽는 시간 8~10분

달걀흰자 5개
설탕 30g
체에 친 아몬드 파우더 125g
체에 친 슈거파우더 125g
체에 친 밀가루 25g
다진 아몬드 70g

데커레이션
다크 초콜릿 250g

초콜릿 템퍼링 p. 321 참고

오븐을 170℃로 예열한다. 오븐 팬에 유산지를 깐다.

달걀흰자를 가벼운 무스 상태로 거품을 낸 후 설탕 ⅓을 조금씩 넣어가며 계속 거품을 낸다. 달걀흰자가 매끈하고 광택이 나면 남은 설탕을 조심스럽게 넣고 단단하게 거품을 올려준다. 체에 친 아몬드 파우더, 슈거파우더, 밀가루를 조금씩 부어가면서 부드럽게 섞는다. 중간 크기의 원형 깍지를 끼운 짜주머니에 반죽을 절반 정도 채워 준비해 놓은 오븐 팬 위에 6cm 길이의 작은 막대모양으로 짠다. 남은 반죽도 짜주머니에 채워 오븐 팬에 막대모양으로 짠다. 다진 아몬드를 뿌린 후 오븐에 넣어 약간 노릇한 색이 날 때까지 8~10분 동안 굽는다. 오븐에서 꺼내 식혀 막대모양 과자를 유산지에서 하나하나 떼어 다른 오븐 팬에 정리한 후 실온에 둔다.

다크 초콜릿을 결정화시켜 안정성이 좋은 상태로 만들기 위해 템퍼링 한다. 굵게 다진 다크 초콜릿의 ⅔를 중탕으로 녹인다. 초콜릿의 온도가 45℃가 되면 중탕에서 내린 뒤 남은 다크 초콜릿 ⅓을 넣고 27℃로 식을 때까지 섞는다. 다시 초콜릿 온도를 32℃가 되도록 중탕하여 높인다. 바통 드 마레쇼의 평평한 면을 템퍼링한 초콜릿에 담근 후 초콜릿 발린 면이 위를 향하게 식힘망에 놓는다. 초콜릿이 굳을 때까지 실온에 둔다.

셰프의 팁 : 바통 드 마레쇼는 밀폐용기에 넣어 두면 실온에서 며칠 동안 보관할 수 있다.

초콜릿 튀김
Beignets au chocolat

25~30개
난이도 ★ ★
준비 시간 40분+30분
냉장 시간 1시간(하루 전)
냉동 시간 하룻밤
굽는 시간 45분

초콜릿 크림
비터 초콜릿 200g
(카카오 함량 55~70%)
생크림 140ml
카카오 파우더(무가당)

튀김 반죽
체에 친 밀가루 125g
체에 친 옥수수 전분 1큰술
식용유 1큰술
소금 약간
달걀 1개 + 달걀흰자 1개
맥주 120ml
설탕 1½큰술

튀김 기름
밀가루
카카오 파우더(무가당)

초콜릿 크림 준비 : 초콜릿은 다져서 중탕으로 녹인다. 냄비에 생크림을 끓여 녹인 초콜릿에 부어 잘 섞은 후 뚜껑을 덮어 냉장고에 넣어 충분히 굳힌다. 원형 깍지를 끼운 짜주머니에 굳힌 초콜릿 크림을 채운 후 유산지를 깐 오븐 팬 위에 25~30개의 작은 조각으로 짜서 약 1시간 동안 굳을 때까지 냉장한다. 비닐장갑을 끼고 각각의 조각을 손으로 굴려 구슬 모양으로 만든다. 서로 붙지 않도록 카카오 파우더를 뿌려 하루 동안 냉동한다.

튀김 반죽 준비 : 큰 볼에 체에 친 밀가루, 옥수수 전분을 넣고 가운데 홈을 만들어 식용유, 소금, 달걀을 넣고 서서히 섞으며 하나의 반죽으로 뭉친다. 반죽이 매끈해지면 맥주를 조금씩 부어가며 잘 섞는다.

식용유를 튀김기에 붓고 200℃로 가열한다.

달걀흰자는 하얗게 거품을 낸 후 설탕을 넣고 계속해서 저어준다. 거품 낸 달걀흰자를 튀김 반죽에 넣고 가볍게 섞는다.

전날 냉동실에 넣어 둔 초콜릿 2~3개를 꺼내 가볍게 밀가루를 입힌다. 집게를 이용해 튀김 반죽을 입혀 튀김기에 넣는다. 가볍게 색이 날 때까지 3~5분 정도 튀긴 후 키친타월 위에 건진다. 남은 초콜릿도 이 작업을 반복한다. 초콜릿 튀김 위에 카카오 파우더를 뿌려도 좋다.

브라우니
Brownies

10인분
난이도 ★
준비 시간 30분
굽는 시간 30분

비터 초콜릿 125g
(카카오 함량 55~70%)
버터 225g
달걀 4개
황설탕 125g
설탕 125g
체에 친 밀가루 50g
체에 친 카카오 파우더(무가당) 20g
굵게 다진 피칸 100g

오븐을 170℃로 예열한다. 20×20cm의 정사각형 틀에 유산지를 깔아 놓는다.

초콜릿은 다져 버터와 함께 중탕으로 녹인 다음 고무주걱으로 조심스럽게 섞는다.

따로 풀어둔 달걀에 두 종류의 설탕을 모두 넣어 되직하고 무스 상태가 될 때까지 힘차게 거품을 낸 후 녹여 둔 초콜릿, 버터에 섞는다. 체에 친 밀가루와 카카오 파우더, 굵게 다진 피칸을 넣어 주걱으로 잘 섞는다.

반죽을 준비된 틀에 부어 오븐에서 약 30분 동안 굽는다. 브라우니의 가운데를 칼끝으로 찔러 반죽이 묻어 나오지 않으면 완성된 것. 브라우니를 식힘망에 올려 식힌 후 유산지를 제거하고 정사각형으로 자른다.

초콜릿 샹티이 슈와 산딸기
Choux chantilly au chocolat et framboises fraîches

8~10개
난이도 ★ ★
준비 시간 35분
굽는 시간 30분

슈 반죽
물 250ml
버터 100g
소금 1작은술
설탕 1작은술
체에 친 밀가루 150g
달걀 4개+달걀 1개(달걀물 용)

초콜릿 샹티이
다진 다크 초콜릿 125g
생크림 300ml
슈거파우더 30g

데커레이션
산딸기 500g
슈거파우더 약간

슈 반죽 p. 213 참고

오븐을 180℃로 예열한다. 오븐 팬에 버터를 바른다.

슈 반죽 : 냄비에 물, 버터, 소금, 설탕을 넣고 버터가 녹을 때까지 끓인다. 불에서 내린 뒤 체에 친 밀가루를 한 번에 넣고 반죽이 매끈하고 하나로 뭉쳐질 때까지 나무주걱으로 섞는다. 다시 불 위에 올려 빙글빙글 돌리면서 반죽이 냄비 벽에 붙지 않고 주걱 둘레에 둥글게 하나로 감길 때까지 수분을 증발시킨다. 반죽을 볼에 넣고 5분간 식힌다.

3개의 달걀을 하나씩 넣어 주걱으로 힘차게 저어가며 섞는다. 4번째 달걀은 따로 풀어서 달걀의 ⅓만 반죽에 넣고 계속해서 섞는다. 가능한 한 많은 공기를 넣어서 반죽이 매끈하고 윤기가 날 때까지 젓는다. 이 단계에서 반죽이 사용할 준비가 되었는지 확인한다. 반죽의 일부분을 들어올렸을 때 'V' 자로 떨어지면 사용할 준비가 된 것이고, 그렇지 않으면 풀어놓은 남은 달걀을 더 넣고 섞은 후 다시 확인해 본다.

숟가락이나 원형깍지를 끼운 짜주머니를 이용해 지름 4~5cm의 구슬 모양으로 오븐 팬에 짠다. 달걀물을 바른다. 오븐에 넣고 15분간 중간에 문을 열지 않고 구운 다음 온도를 165℃로 낮춰 문을 반쯤 열고 슈가 갈색이 날 때까지 15분간 더 굽는다. 가볍게 두드려 슈의 구운 정도를 확인한다. 만약 속이 빈 소리가 나면 다 구워진 것이므로 식힘망 위에서 식힌다.

초콜릿 샹티이 : 초콜릿을 중탕으로 녹인다. 생크림과 슈거파우더는 단단한 상태로 휘핑하여 거품기로 떴을 때 붙어 있을 정도로 올려준다. 휘핑한 크림에 녹여놓은 초콜릿을 섞는다. 별모양의 깍지를 끼운 짜주머니에 초콜릿 샹티이를 채운다. 슈는 ⅔ 높이를 가로로 자르고 짜주머니에 든 초콜릿 샹티이를 슈에 짠 후 가장자리에 산딸기를 붙인다. 각각의 슈의 뚜껑을 덮고 슈거파우더를 뿌린다.

초콜릿 시가레트
Cigarettes au chocolat

45개
난이도 ★
준비 시간 30분
냉장 시간 20분
굽는 시간 6~8분

실온 버터 80g
슈거파우더 120g
달걀흰자 4개(130g)
체에 친 밀가루 90g
체에 친 카카오 파우더(무가당) 20g

볼에 실온 버터와 슈거파우더를 넣고 크림 상태가 될 때까지 섞는다. 달걀흰자를 조금씩 부으며 잘 저은 다음 체에 친 밀가루와 카카오 파우더를 넣고 섞는다. 반죽을 냉장고에 20분간 넣어둔다.

오븐을 200℃로 예열한다. 오븐 팬에 유산지를 깐다.

종이 판지 위에 지름 8cm의 원을 그린 후 칼로 도려낸 뒤 중앙 부분을 제거한다. 오븐 팬 위에 가운데 부분을 제거한 종이 판지를 놓고 원의 안쪽 부분에 반죽을 평평하게 편다. 종이 판지를 떼어낸다. 오븐 팬 전체가 원판 반죽으로 다 채워질 때까지 각각의 반죽 사이에 약간씩 간격을 두고 이 작업을 계속 반복한다. 6~8분 동안 오븐에서 굽는다.

초콜릿 시가레트를 말기 위해 둥근 나무 손잡이가 달린 주걱이나 숟가락을 준비한다. 오븐에서 구워져 나오면 원판을 하나씩 나무손잡이에 감싸 둥글게 감아 몇 분 동안 단단해지도록 그대로 둔다. 식힘망 위로 옮겨 건조한 곳에 보관한다.

초콜릿 칩 계피 쿠키
Cookies à la cannelle et aux pépites de chocolat

40개
난이도 ★
준비 시간 15분
냉장 시간 1시간
굽는 시간 10분

달걀노른자 2개분
바닐라 에센스 1작은술
물 2큰술
실온 버터 150g
슈거파우더 100g
체에 친 밀가루 300g
체에 친 베이킹파우더 ½작은술(2.5g)
소금 적당량
시나몬 파우더 1½작은술
초콜릿 칩 120g
슈거파우더 약간

볼에 달걀노른자, 바닐라 에센스, 물을 넣고 섞는다. 다른 볼에 실온 버터와 슈거파우더를 넣고 거품기로 크림 상태가 될 때까지 저은 후 미리 섞어 둔 액체류(달걀노른자+바닐라 에센스+물)를 조금씩 넣고 섞는다. 체에 친 밀가루, 베이킹파우더, 소금, 시나몬 파우더를 넣고 혼합한 후 마지막에 초콜릿 칩을 넣고 반죽을 가볍게 버무린다.

반죽을 2개로 나누어 지름이 3cm인 원통형 모양 2개로 만든다. 슈거파우더에 원통형 반죽을 굴린 후 랩에 싸서 냉장고에 최소 1시간 동안 넣어둔다.

오븐을 160℃로 예열한다. 오븐 팬에 버터를 바른다.

원통형 반죽을 1cm 두께로 둥글게 썰어 오븐 팬 위에 놓는다. 오븐에 넣고 쿠키가 노릇해질 때까지 약 10분간 구운 다음 식힘망에서 식힌다.

셰프의 팁 : 원통형 반죽을 슈거파우더 대신 무가당 카카오 파우더에 굴려서 사용해도 좋다.

오렌지향 초콜릿 쿠키
Cookies au chocolat et à l'orange

20개
난이도 ★
준비 시간 15분
굽는 시간 7~8분
냉장 시간 15분

실온 버터 100g
설탕 40g(2½큰술)
얇게 간 오렌지 ½개분 껍질 간 것
체에 친 밀가루 125g
체에 친 베이킹파우더 ½작은술(2.5g)
다크 초콜릿 100g

오븐을 190℃로 예열한다. 오븐 팬에 버터를 바른다.

볼에 실온 버터를 넣고 주걱으로 포마드 상태로 만든 후 오렌지 껍질 간 것을 넣고 설탕을 조금씩 부어가며 완전히 섞일 때까지 젓는다. 여기에 체에 친 밀가루와 베이킹파우더를 넣고 섞은 다음 티스푼을 이용해 반죽을 호두 크기의 작은 구슬모양으로 만든다. 팬 위에 놓은 후 반죽을 물을 묻힌 포크로(반죽이 달라붙지 않게 하기 위해) 납작하게 눌러 모양을 만든다.

오븐에서 쿠키가 색이 날 때까지 7~8분간 구워 식힘망에서 식힌다.

초콜릿은 다져서 중탕으로 천천히 녹인다. 불에서 내린 뒤 쿠키를 녹인 초콜릿에 반만 담근 후 유산지 위에 놓는다. 초콜릿이 굳을 때까지 15분 동안 냉장고에 넣어둔다.

초콜릿으로 만든 작은 잔, 주름 컵과 코르네
Coupelles, coupes et cornets en chocolat

10개
난이도 ★ ★
준비 시간 45분

다크 초콜릿 500g

초콜릿 템퍼링 하기 p. 321 참고

초콜릿 틀 만들기 p. 261 참고

다크 초콜릿을 결정화시켜 안정성이 좋은 상태로 만들기 위해 템퍼링 한다. 굵게 다진 다크 초콜릿의 ⅔를 중탕으로 녹인다. 초콜릿의 온도가 45℃가 되면 중탕에서 내린 뒤 남은 다크 초콜릿 ⅓을 넣고 27℃로 식을 때까지 섞는다. 다시 초콜릿 온도를 32℃가 되도록 중탕한다.

초콜릿 주름 컵 : 주름이 잡힌 작은 유산지 컵을 사용한다(또는 당과류나 프티푸르, 1인용 가토에 사용하는 좀 더 큰 주름이 잡힌 유산지 컵). 만약 유산지가 얇다면 두 장씩 겹쳐 놓는다. 붓으로 유산지 컵 안쪽으로 템퍼링한 초콜릿을 얇게 바르고 실온에 30분간 놓아둔다. 먼저 발라놓은 초콜릿이 굳으면 초콜릿을 다시 칠한다. 상태를 보고 필요하면 다시 한 번 초콜릿을 칠한다. 초콜릿이 굳으면 유산지 컵을 조심스럽게 제거한 후 초콜릿 주름 컵들을 서늘하고 건조한 곳에 보관한다.

초콜릿 잔 준비하기 : 고무 풍선 10개에 바람을 불어 묶는다. 템퍼링한 초콜릿에 풍선의 절반만 담근 후 유산지를 깐 철판에 놓는다. 약 15분간 냉장고에 넣어 초콜릿을 굳힌 후 바늘을 이용해 풍선을 터뜨려 떼어내고 시원하고 건조한 곳에 보관한다.

초콜릿 코르네(고깔) 준비하기 : 종이로 만든 코르네(고깔) 안에 템퍼링한 초콜릿을 붓으로 얇게 펴 바른 후 여분의 초콜릿이 흘러내리기 쉽도록 엎어놓고 30분간 실온에서 굳을 때까지 둔다. 먼저 발라놓은 초콜릿이 굳으면 초콜릿을 다시 칠한다. 상태를 보고 필요하면 다시 한 번 초콜릿을 칠한다. 초콜릿이 굳으면 코르네(고깔)에서 종이를 벗겨서 떼어낸 후 서늘하고 건조한 곳에 보관한다.

디저트를 낼 때 초콜릿 무스를 채우는 용도로 사용하거나 과일을 담아낼 때 초콜릿 주름 컵, 잔 또는 코르네(고깔)를 이용하면 좋다.

초콜릿 크레페
Crêpes au chocolat

크레프 15개
난이도 ★
준비 시간 10분
냉장 시간 2시간
굽는 시간 45분

초콜릿 크레페 반죽
체에 친 밀가루 150g
체에 친 카카오 파우더(무가당) 30g
달걀 2개
우유 450ml
설탕 10g

정제버터
버터 125g

곁들이기
샹티이와 설탕 또는 초콜릿과 헤이즐넛 스프레드

초콜릿 크레페 반죽 : 볼에 체에 친 밀가루와 카카오 파우더를 담고 가운데에 홈을 파서 달걀, 우유 ¼, 설탕을 넣고 반죽이 균일하게 잘 섞이도록 가루를 조금씩 흘려 넣어 섞는다. 남은 우유를 서서히 부어가며 반죽이 매끈해질 때까지 계속 젓는다. 반죽을 랩으로 덮어 냉장고에 2시간 동안 넣어둔다.

정제버터 만들기 : 약한 불에서 버터를 젓지 않고 천천히 녹인다. 불에서 냄비를 내린 후 표면에 생긴 하얀 거품을 제거한다. 하얀 유청이 침전되도록 하루 동안 그대로 둔 다음 조심스럽게 정제된 버터만 볼에 붓는다.

키친타월로 정제버터를 묻혀 뜨겁게 달군 프라이팬에 바른다. 반죽을 작은 국자로 떠서 팬에 붓고 반죽이 잘 펴지게 팬을 돌린다. 불에 올려 한쪽 면을 1~2분 동안 익힌 후 스패튤러로 반죽을 뒤집어 다시 몇 분간 익힌다. 완성된 크레페를 접시 위에 놓고 식지 않도록 다른 접시로 덮는다. 이 과정을 반복하여 남은 반죽을 모두 굽는다.

초콜릿 크레페는 샹티이와 설탕 또는 초콜릿과 헤이즐넛 스프레드와 함께 서브해도 좋다.

셰프의 팁 : 미리 구워놓은 크레페는 먹기 직전에 버터를 칠한 프라이팬에 살짝 데우면 좋다. 유청을 제거한 정제버터는 일반버터와 비교해서 쉽게 타지 않고 냉장고에 더 오랫동안 보관할 수 있다는 장점이 있다.

초콜릿 에클레르
Éclairs tout chocolat

에클레르 12개
난이도 ★ ★ ★
준비 시간 1시간
굽는 시간 25분
냉장 시간 25분

슈 반죽
물 250ml
버터 100g
소금 1작은술
설탕 1작은술
체에 친 밀가루 130g
체에 친 카카오 파우더(무가당) 20g
슈거파우더 140g
달걀 4개 + 달걀 1개(달걀물용)

초콜릿 크렘 파티시에르
다크 초콜릿 150g
우유 500ml
바닐라 빈 1개
달걀노른자 4개
설탕 125g
옥수수 전분 40g

초콜릿 글라사주
다크 초콜릿 100g
슈거파우더 100g
물 20ml

슈에 속 채우기 p. 260 참고

오븐을 180℃로 예열한다. 오븐 팬에 버터를 바른다.

p. 262의 슈 반죽 준비 : 반죽이 완성되면(주걱으로 테스트 한 후) 원형 깍지를 끼운 짜주머니에 반죽을 넣고 팬 위에 3×10cm의 막대모양으로 짠다. 이어서 반죽 표면에 달걀물을 바른 후 물에 적신 포크로 평평하게 줄을 긋는다. 오븐에 넣고 15분간 중간에 문을 열지 않고 구운 후 온도를 165℃로 낮춰 에클레르가 단단해질 때까지 10분간 더 굽는다. 에클레르를 가볍게 두드려 구운 정도를 확인한다. 속이 빈 소리가 나면 다 구워진 것이다.

초콜릿 크렘 파티시에르 : 초콜릿은 잘게 다져 볼에 담는다. 냄비에 우유와 바닐라 빈(세로로 칼집을 넣어 안쪽의 씨를 칼끝을 이용해 긁어 깍지와 함께 사용)을 넣고 끓이다가 우유가 끓으면 불에서 내린다. 볼에 달걀노른자와 설탕을 넣고 색이 연해지고 걸쭉해질 때까지 섞다가 옥수수 전분을 넣고 섞는다. 여기에 바닐라 빈을 제거한 우유의 절반을 먼저 붓고 잘 섞은 후 남은 우유를 마저 넣고 섞는다. 다시 냄비에 부어 약한 불에서 크림이 되직해질 때까지 멈추지 않고 나무주걱으로 젓는다. 크림이 끓기 시작하면 1분 동안 더 저은 후 초콜릿이 담긴 볼에 넣어 잘 섞는다. 초콜릿 크렘 파티시에르 표면에 랩을 밀착해 씌운 후 냉장고에서 25분 동안 식힌다.

초콜릿 글라사주 : 초콜릿을 중탕으로 녹인다. 슈거파우더를 물에 녹인 후 초콜릿에 넣고 섞어 40℃가 될 때까지 데운다.

원형깍지를 끼운 짜주머니에 초콜릿 크렘 파티시에르를 채운다. 에클레르에 2~3개의 작은 구멍을 낸 후 크림을 채운다. 고무주걱을 사용해 에클레르 표면에 글라사주를 바른 다음 굳도록 둔다.

초콜릿 피낭시에와 가벼운 밀크 초콜릿 무스

Financiers au chocolat et mousse légère au chocolat au lait

15개
난이도 ★
준비 시간 40분
굽는 시간 10~15분
냉장 시간 10분

초콜릿 피낭시에
버터 170g
체에 친 밀가루 100g
체에 친 아몬드 파우더 125g
설탕 250g
달걀흰자 7개분(200g)
꿀 40g
초콜릿 칩 90g

밀크 초콜릿 무스
밀크 초콜릿 220g
생크림 320ml
바닐라 빈 ½개

데커레이션
밀크 초콜릿

종이 코르네(고깔) 만들기와 디저트
데커레이션 하기 p. 325 참고

오븐을 180℃로 예열한다.

초콜릿 피낭시에 : 버터가 누아제트 상태, 즉 유청이 냄비 바닥에 붙어 진한 갈색이 날 때까지 끓인다. 냄비를 불에서 내리고 바로 버터를 체에 거른 후 식힌다. 체에 친 밀가루, 아몬드 파우더를 큰 볼에 넣는다. 설탕, 달걀흰자, 꿀을 섞어 크림 상태의 농도까지 거품기로 저은 다음 체에 친 밀가루, 아몬드 파우더를 넣는다. 여기에 버터 누아제트를 조금씩 부어가며 볼륨이 생기기 시작할 때까지 섞은 후 초콜릿 칩을 넣는다. 지름 4.5cm, 높이 3cm, 15구의 실리콘 머핀 틀에 반죽을 ¾ 정도 채운다. 피낭시에 중심을 칼끝으로 찔렀을 때 반죽이 묻어 나오지 않을 때까지 약 10~15분간 오븐에 굽는다. 어느 정도 식힌 후 틀에서 빼내 식힘망에 놓는다.

밀크 초콜릿 무스 : 초콜릿을 다져서 중탕으로 녹인다. 바닐라 빈은 세로로 칼집을 내어 안쪽의 씨를 칼끝으로 긁어서 생크림에 넣고 거품기로 친다. 녹인 초콜릿에 생크림을 ⅔ 정도 넣고 세게 거품을 낸다. 남은 생크림을 섞은 후 별모양 깍지를 끼운 짜주머니에 넣는다. 피낭시에 위에 밀크 초콜릿 무스를 로자스(꽃) 모양으로 짠 후 냉장고에 10분 동안 넣어둔다.

데커레이션용 밀크 초콜릿을 중탕으로 녹인 다음 미지근하게 식힌 후 종이 코르네(고깔) 안에 채워 초콜릿이 흐르지 않게 윗부분을 접어 막아준다. 뾰족한 부분을 자른 후 피낭시에 위에 줄무늬 모양으로 짠다.

셰프의 팁 : 무스와 데커레이션에 사용한 밀크 초콜릿 대신 다크 초콜릿이나 화이트 초콜릿을 사용해도 좋다.

초콜릿 칩을 넣은 오렌지 피낭시에
Financiers à l'orange et aux pépites de chocolat

12개
난이도 ★
준비 시간 30분
굽는 시간 10~15분
휴지 시간 1일

오렌지 초콜릿 칩 피낭시에
버터 75g
당 절임한 오렌지 필 40g
밀가루 50g
슈거파우더 120g
아몬드 파우더 50g
달걀흰자 4개
초콜릿 칩 30g

다크 초콜릿 가나슈
다크 초콜릿 100g
생크림 100ml
버터 20g

오븐을 180℃로 예열한다. 피낭시에 용 팬(또는 12개짜리 작은 피낭시에 틀)에 붓으로 버터를 바른다. 밀가루를 틀 전체에 뿌린 후 뒤집어서 여분의 밀가루를 털어낸다.

초콜릿 칩을 넣은 오렌지 피낭시에 : 버터가 누아제트 상태, 즉 유청이 냄비 바닥에 붙어 진한 갈색이 날 때까지 끓인다. 불에서 냄비를 내린 후 바로 버터를 체에 거른 후 식힌다. 당 절임한 오렌지 필은 작은 주사위 모양으로 자른다. 볼에 밀가루, 슈거파우더, 아몬드 파우더, 달걀흰자를 넣고 크림 상태가 될 때까지 거품기로 젓는다. 여기에 버터 누아제트를 조금씩 부어가며 볼륨이 생기기 시작할 때까지 섞은 후 초콜릿 칩과 썰어놓은 당 절임한 오렌지 필을 넣고 섞는다.

숟가락 또는 깍지를 끼운 짜주머니를 이용해 반죽을 틀의 ¾ 정도까지 채운다. 피낭시에 중심을 칼끝으로 찔렀을 때 반죽이 묻어 나오지 않을 때까지 10~15분간 오븐에 굽는다. 어느 정도 식힌 후 틀에서 꺼내 식힘망에 올려 놓고 식힌다.

다크 초콜릿 가나슈 : 초콜릿은 다져 볼에 넣는다. 냄비에 생크림을 끓인 후 초콜릿에 붓고 잘 저은 후 버터를 섞는다. 원형 깍지를 끼운 짜주머니에 준비해둔 가나슈를 채워 피낭시에 위에 초콜릿 가나슈로 장식한 후 1인당 2개씩 서브한다.

초콜릿 플로랑탱
Les florentins au chocolat

40개
난이도 ★ ★
준비 시간 45분
굽는 시간 30분
식히는 시간 30분

당 절임한 모둠 과일 50g
당 절임한 오렌지 필 50g
당 절임한 체리 35g
아몬드 슬라이스 100g
체에 친 밀가루 25g
생크림 100ml
설탕 85g
꿀 30g
다크 초콜릿 300g

초콜릿 템퍼링 하기 p. 321 참고

오븐을 170℃로 예열한다. 오븐 팬에 버터를 칠한다.

당 절임한 과일은 작은 조각으로 자른다. 볼에 당 절임한 오렌지 필, 모둠 과일, 체리 그리고 아몬드 슬라이스를 넣는다. 여기에 체에 친 밀가루를 넣어 당 절임한 과일 조각들이 서로 달라붙지 않게 손으로 살살 섞어 떨어뜨린다.

냄비에 생크림, 설탕, 꿀을 넣고 거품기로 저으면서 끓인다. 끓기 시작하면 2~3분간 더 끓여 밀가루와 섞어놓은 당 절임한 과일에 붓고 나무주걱을 이용해 살살 젓는다(이 반죽은 2일 동안 냉장 보관이 가능하다).

준비해 둔 오븐 팬에 티스푼을 이용해 간격을 두고 반죽을 동그랗게 놓는다. 스푼의 뒷면을 이용해 지름 3cm의 원으로 얇게 편다. 오븐에서 반죽이 끓어오를 때까지 구운 후 30분간 식힌다. 다시 160℃ 오븐에 넣어 10분 동안 더 구운 다음 꺼내어 식힘망 위에 놓는다.

다크 초콜릿을 결정화시켜 안정성이 좋은 상태로 만들기 위해 템퍼링 한다. 굵게 다진 다크 초콜릿의 ⅔를 중탕으로 녹인다. 초콜릿의 온도가 45℃가 되면 중탕에서 내린 뒤 남은 다크 초콜릿 ⅓을 넣고 27℃로 식을 때까지 섞는다. 다시 초콜릿 온도를 32℃가 되도록 중탕한다.

붓을 이용해 플로랑탱의 납작한 면에 템퍼링한 다크 초콜릿을 바른 후 하나씩 살짝 두드려서 기포를 없앤다. 스패튤러를 이용해 다시 초콜릿을 바른 후 여분의 초콜릿은 걷어낸 후 실온에서 굳힌다.

셰프의 팁 : 플로랑탱은 스푼을 이용해 아주 얇게 펴 줘야 한다. 너무 두꺼우면 먹기 불편하다.

초콜릿–계피 퐁당
Fondants chocolat-cannelle

45개
난이도 ★
준비 시간 15분
냉장 시간 45~60분
굽는 시간 12~15분

초콜릿 반죽
실온 버터 180g
슈거파우더 100g
달걀노른자 1개
체에 친 밀가루 200g
체에 친 카카오 파우더(무가당) 10g

계피 반죽
실온 버터 140g
슈거파우더 75g
바닐라 에센스 ½작은술(2.5ml)
시나몬 파우더 ½작은술 (2.5g)
달걀노른자 1개
체에 친 밀가루 200g

데커레이션
달걀흰자 2개분
코코넛 롱 100g

초콜릿 반죽 : 실온 버터와 슈거파우더를 부드럽고 색이 연해질 때까지 잘 섞는다. 여기에 달걀노른자를 넣고 체에 친 밀가루와 카카오 파우더를 넣는다. 반죽이 부드러워질 때까지 반죽한 후 냉장고에 15~20분 동안 넣어둔다.

계피 반죽 : 실온 버터와 슈거파우더를 부드럽고 색이 연해질 때까지 잘 섞은 후 바닐라 에센스와 시나몬 파우더를 넣고 섞는다. 달걀노른자와 체에 친 밀가루를 넣고 부드러워질 때까지 반죽한 후 냉장고에 15~20분 동안 넣어둔다.

계피 반죽을 지름 3cm의 긴 원통형 모양으로 만들고 초콜릿 반죽은 1cm 두께로 민다. 초콜릿 반죽 시트 위에 계피 반죽을 올리고 초콜릿 반죽으로 감싼다. 이 반죽을 15~20분 동안 냉장고에 넣어둔다.

오븐을 160℃로 예열한다. 오븐 팬에 버터를 칠한다.

냉장고에서 꺼낸 원통형 반죽에 붓으로 달걀흰자를 바르고 코코넛 롱에 굴린다. 칼을 뜨거운 물에 담갔다가 1cm 두께로 썰어 오븐 팬에 놓고 오븐에서 12~15분간 구운 후 식힘망에 올려 식힌다.

초콜릿 마카롱
Macarons au chocolat

30개
난이도 ★ ★ ★
준비 시간 30분
휴지 시간 20~30분
굽는 시간 10~15분
냉장 시간 6시간 정도

체에 친 아몬드 파우더 125g
체에 친 슈거파우더 200g
체에 친 카카오 파우더(무설탕) 30g
달걀흰자 5개
설탕 75g

가나슈
다크 초콜릿 150g
생크림 200ml
꿀 20g

볼에 체에 친 아몬드 파우더, 슈거파우더, 카카오 파우더를 넣어 섞는다. 다른 볼에 달걀흰자를 넣고 가벼운 무스상태로 거품을 낸다. 설탕 ⅓을 조금씩 넣어가며 달걀흰자가 매끄럽고 윤기가 나도록 계속해서 거품을 내다가 남은 설탕을 조금씩 부어가며 단단해질 때까지 거품을 낸다. 섞어 놓은 가루 ¼분량을 거품 낸 달걀흰자에 넣어 고무주걱으로 섞는다. 볼의 가운데부터 가장자리로 반죽을 들어 올리면서 접듯이 천천히 섞으면서 다른 한 손으로는 볼을 돌린다. 남은 아몬드 파우더, 슈거파우더, 카카오 파우더 혼합물을 3회에 나누어 섞는다. 반죽이 부드럽고 윤기가 나면 섞는 것을 멈춘다. 지름 4mm의 원형 깍지를 끼운 짜주머니에 마카롱 반죽을 채운다. 유산지를 깐 오븐 팬에 지름 2cm 크기의 구슬 모양으로 60개를 짠 후 20~30분 동안 실온에 그대로 둔다.

오븐을 160℃로 예열한다.

짜놓은 마카롱 반죽을 오븐에서 10~15분간 굽는다. 마카롱이 반 정도 구워졌을 때 오븐 온도를 120~130℃로 낮춰서 굽는다. 오븐에서 마카롱을 꺼내어 중앙의 볼록한 부분이 딱딱해질 때까지 식힌 다음 냉장고에 넣는다.

가나슈 준비하기 : 다크 초콜릿을 다져 볼에 넣고, 생크림은 꿀과 함께 끓인다. 생크림과 꿀을 다진 초콜릿에 반 정도 붓고 거품기로 섞는다. 남은 생크림과 꿀을 조금씩 넣으면서 기품기로 조심스럽게 저은 후 식힌다.

마카롱 반쪽의 아랫면에 가나슈를 조금 짜고 그 위에 다른 반쪽을 얹어서 붙인다. 먹기 전, 마카롱 중앙이 촉촉해지도록 냉장고에 하루 정도 넣어둔다.

셰프의 팁 : 마카롱의 충전물로 산딸기 잼이나 헤이즐넛 초콜릿 스프레드, 땅콩버터를 이용해도 좋다. 또한 마카롱을 구운 후 냉동할 수도 있다.

플뢰르 드 셀(천일염) 초콜릿 마카롱
Macarons tout chocolat à la fleur de sel

8개
난이도 ★ ★ ★
준비 시간 30분
휴지 시간 20~30분
굽는 시간 18분
냉장 시간 6시간 정도

마카롱 반죽
체에 친 아몬드 파우더 180g
체에 친 슈거파우더 270g
체에 친 카카오 파우더(무설탕) 30g
달걀흰자 5개(150g)
설탕 30g
플뢰르 드 셀(천일염) 약간

가나슈
다크 초콜릿 150g
달걀노른자 2개
설탕 100g
생크림 100ml
바닐라 빈 1개

마카롱 반죽 : 볼에 체에 친 아몬드 파우더, 슈거파우더, 카카오 파우더를 넣어 섞는다. 다른 볼에 달걀흰자를 넣고 가벼운 무스상태로 거품을 낸다. 설탕 ⅓을 조금씩 넣어가며 달걀흰자가 매끄럽고 윤기가 나도록 계속해서 거품을 내다가 남은 설탕을 조금씩 부어가며 단단해질 때까지 거품을 낸다. 고무주걱으로 섞어 놓은 가루 ¼분량을 거품 낸 달걀흰자에 섞는다. 볼의 가운데부터 가장자리로 반죽을 들어 올리면서 접듯이 천천히 섞으면서 다른 한 손으로는 볼을 돌린다. 남은 아몬드 파우더, 슈거파우더, 카카오 파우더 혼합물을 세 번에 나누어 섞는다. 반죽이 부드럽고 윤기가 나면 섞는 것을 멈춘다. 지름 4mm의 원형 깍지를 끼운 짜주머니에 마카롱 반죽을 채운다. 유산지를 깐 오븐 팬에 지름 4~5cm 크기의 구슬 모양으로 16개를 짠 후 20~30분 동안 실온에 그대로 둔다.

오븐을 160℃로 예열한다. 짜 놓은 마카롱 반죽 위에 플뢰르 드 셀 알갱이 몇 개를 뿌린 후 오븐에서 18분간 굽는다. 반쯤 구워졌을 때 오븐 온도를 120~130℃로 낮춰서 굽는다. 오븐에서 마카롱을 꺼내어 중앙의 볼록한 부분이 딱딱해지면 냉장고에 넣는다.

가나슈 준비하기 : 다크 초콜릿을 다져 볼에 넣고 달걀노른자는 설탕과 함께 색이 연해지고 되직해질 때까지 거품을 낸다. 냄비에 바닐라 빈(세로로 칼집을 넣어 안쪽의 씨를 칼끝으로 긁어 깍지와 함께 사용)과 생크림을 끓인 후 ⅓을 거품 낸 노른자와 설탕에 부어 저은 후 ⅔가 남아있는 냄비에 모두 붓는다. 약한 불에 올려 크림이 되직해지도록 주걱으로 저어가며 가열해, 손가락으로 주걱 뒷면의 크림을 그었을 때 흘러내리지 않을 때까지 끓인다. 바닐라 빈 깍지는 제거하고 만들어 둔 크림을 다진 초콜릿에 부어 잘 섞은 다음 한 번씩 저어주며 식힌다.

가나슈를 원형 깍지를 끼운 짜주머니에 채워 넣고 8개의 마카롱 반쪽의 아랫면에 가나슈를 짜고 다른 반쪽을 위에 붙인다. 서브하기 전 6시간 정도 냉장고에 넣어둔다.

초콜릿과 레몬 마블링 마들렌
Madeleines marbrées chocolat-citron

48개
난이도 ★
준비 시간 30분
냉장 시간 1일
굽는 시간 10~12분

초콜릿 마들렌 반죽
버터 85g
달걀 2개
설탕 130g
우유 35ml
체에 친 밀가루 150g
체에 친 카카오 파우더(무가당) 30g
베이킹파우더 1작은술(5.5g)

레몬 마들렌 반죽
버터 85g
달걀 2개
설탕 130g
우유 35ml
체에 친 밀가루 180g
베이킹파우더 1작은술(5.5g)
레몬 2개분 껍질 간 것

초콜릿 마들렌 반죽 : 버터가 누아제트 상태, 즉 유청이 냄비 바닥에 붙어 진한 갈색이 날 때까지 끓인다. 불에서 냄비를 내린 후 바로 체에 버터를 거른 후 식힌다. 볼에 달걀과 설탕을 넣고 색이 연해지고 걸쭉해질 때까지 거품기로 섞는다. 여기에 우유를 부은 후 체에 친 밀가루, 카카오 파우더, 베이킹파우더를 넣고 섞는다. 준비해 둔 버터 누아제트를 거품기를 이용해 반죽이 약간 무스 상태가 되고 볼륨이 생길 때까지 조금씩 부어가며 섞는다. 이 볼을 랩으로 싼 후 다음날까지 냉장고에 보관한다.

레몬 마들렌 반죽 : 초콜릿 마들렌 반죽과 같은 방법으로 반죽을 준비하고 카카오 파우더 대신 레몬 껍질을 넣는다.

오븐을 200℃로 예열한다. 붓을 이용해 마들렌 틀에 버터를 칠한 후 밀가루를 뿌린다. 틀을 뒤집어 여분의 밀가루를 털어낸다.

깍지를 끼운 짜주머니 또는 스푼을 이용해 2가지의 반죽(초콜릿 반죽과 레몬 반죽)을 한 틀에 함께 넣는다. 반죽을 틀에 다 채운 다음 마들렌을 오븐에 넣어 5분 동안 구워 색이 나기 시작하면 180℃로 온도를 낮춘 후 5~7분 가량 더 굽는다. 마들렌은 오븐에서 꺼내는 즉시 틀에서 빼내 식힘망에 올려 식힌다.

셰프의 팁 : 마들렌 반죽을 섞어 사용하지 않고 초콜릿 마들렌 또는 레몬 마들렌을 하나씩 따로 구워 내도 좋다.

꿀과 초콜릿 마들렌
Madeleines au miel et au chocolat

24개
난이도 ★★
준비 시간 30분
냉장 시간 하룻밤
굽는 시간 10∼12분

버터 85g
달걀 2개
꿀 130g
우유 35㎖
체에 친 밀가루 170g
체에 친 베이킹파우더 1작은술(5.5g)
다크 초콜릿 200g

냄비에 버터를 넣고 누아제트 상태, 즉 유청이 냄비 바닥에 붙어 진한 갈색이
날 때까지 끓인다. 불에서 냄비를 내린 후 바로 체에 버터를 거른 후 식힌다.

볼에 달걀과 꿀을 넣고 거품을 낸 후 우유를 붓는다. 체에 친 밀가루와
베이킹파우더를 넣고 섞는다. 준비해 놓은 버터 누아제트를 거품기를 이용해
반죽이 약간 무스 상태가 되고, 볼륨이 생길 때까지 조금씩 부어가며 섞는다.
이 볼을 랩으로 싼 후 다음날까지 냉장고에 보관한다.

오븐을 200℃로 예열한다. 붓을 이용해 마들렌 틀에 버터를 칠한 후 밀가루를
뿌린다. 틀을 뒤집어 여분의 밀가루를 털어낸다.

깍지를 끼운 짜주머니 또는 스푼을 이용해 마들렌 틀에 반죽을 채운다. 마들렌을
오븐에 5분 동안 구워 색이 나기 시작하면 오븐을 180℃로 낮춰 5∼7분 가량 더
굽는다. 마들렌은 오븐에서 꺼내는 즉시 틀에서 빼내 식힘망에 올려 식힌다.

식히는 동안 초콜릿을 템퍼링 한다(p.321 참고). 마들렌의 줄무늬 홈이 파여있는
면을 템퍼링한 초콜릿에 담근다. 실온에서 초콜릿을 굳힌 후 시식한다.

셰프의 팁 : 마들렌 틀에 버터를 바르기 쉽도록 주걱을 이용해 실온 버터를 풀어 포마드
텍스처 상태로 만들어 사용한다. 틀에 버터를 두 번 칠하고 밀가루를 뿌린 다음 여분의
밀가루는 털어내고 냉장고에 잠시 넣어 두었다가 반죽을 채워 구우면 마들렌이 틀에서 쉽게
빠진다.

오렌지향 초콜릿 미냐르디즈
Mignardises au chocolat et à l'orange

12개
난이도 ★
준비 시간 45분
냉장 시간 하룻밤+1시간
굽는 시간 25분

오렌지 콩포트
오렌지 1개
설탕 50g
황설탕 50g
꿀 35g

미냐르디즈 반죽
초콜릿 50g
실온 버터 60g
아몬드 파우더 100g
설탕 70g
달걀 2개
꿀 10g
쿠앵트로 2작은술

데커레이션
슈거파우더(선택) 약간

오렌지 콩포트 준비 : 오렌지 껍질을 벗겨 과육만 분리한 후 냄비에 넣고 2종류의 설탕과 꿀을 넣는다. 약한 불에서 25분 동안 콩포트 상태가 될 때까지 끓인다. 이 콩포트를 하룻밤 냉장고에 넣어둔다.

미냐르디즈 반죽 준비 : 초콜릿은 다져서 중탕으로 녹인다. 볼에 실온 버터를 넣고 주걱을 이용해 포마드 상태로 섞은 후 녹인 초콜릿을 조금씩 넣는다. 스탠드 믹서에 아몬드 파우더와 설탕을 넣고 갈아 미리 풀어놓은 달걀을 조금씩 넣어 반죽이 부드러워질 때까지 섞은 후 꿀을 넣는다. 여기에 만들어 놓은 초콜릿 버터를 조금씩 넣어가며 섞은 후 쿠앵트로를 넣고 매끈한 상태가 될 때까지 계속해서 섞는다. 반죽을 냉장고에 1시간 동안 넣은 후 원형 깍지를 끼운 짜주머니에 채운다.

오븐을 180℃로 예열한다. 실리콘으로 된 작은 머핀 틀에 버터를 칠한다.

틀에 1cm 두께로 반죽을 짜고 그 위에 티스푼을 이용해 0.5cm 두께로 오렌지 콩포트를 올린다(이때 데커레이션용 콩포트는 따로 남겨둔다). 다시 그 위에 나머지 반죽을 틀의 ⅔까지 채워 10분 동안 오븐에서 구운 후 온도를 160℃로 낮춰 15분간 더 굽는다.

오렌지향 초콜릿 미냐르디즈를 식힌 후 틀에서 빼낸다. 장식을 위해 남겨둔 오렌지 콩포트를 맨 위에 얹고 원하면 슈거파우더를 뿌린다.

초콜릿–바닐라 밀푀유
Mille-feuille chocolat-vanille

6~8인분

난이도 ★ ★ ★

준비 시간 3시간+1시간

냉장 시간 하룻밤

굽는 시간 45분

데트랑프

버터 50g

체에 친 밀가루 225g

체에 친 카카오 파우더(무가당) 25g

소금 8g

설탕 15g

물 120ml

접기

차가운 버터 250g

바닐라 크렘 파티시에르

우유 750ml

바닐라 빈 2개

달걀노른자 6개

설탕 225g

옥수수 전분 50g

밀가루 25g

데커레이션

카카오 파우더(무가당) 약간

데트랑프 준비 : 버터가 누아제트 상태, 즉 유청이 냄비 바닥에 붙어 진한 갈색이 날 때까지 끓인다. 불에서 냄비를 내린 후 바로 체에 버터를 거른 후 차갑게 식힌다. 큰 볼에 체에 친 밀가루, 카카오 파우더, 소금, 설탕을 넣고 중앙에 홈을 판 후, 물과 버터 누아제트를 부어 섞는다. 이것을 1분 정도 반죽하여 동그란 형태로 만든다. 반죽이 수축하지 않도록 위에 십자로 칼집을 낸 다음 랩으로 싸서 냉장고에 1시간 정도 넣어둔다. 밀가루를 뿌린 작업대 위에 데트랑프 반죽을 놓고 중앙은 볼록하게 놓아 둔 후 십자 모양으로 납작하게 편다.

반죽 접기 : 2장의 유산지 사이에 차가운 버터를 놓는다. 버터를 밀대로 가볍게 두드려 2cm 두께의 정사각형 모양으로 만든다. 십자 모양으로 만들어 놓은 반죽(데트랑프) 중앙에 준비해둔 버터를 놓는다. 버터가 감싸지도록 4면을 반죽으로 감싼다. 밀대로 길이의 가장자리를 가볍게 누른다. 밀가루를 뿌린 작업대에 반죽을 12×35cm 크기의 직사각형으로 민다. 이 반죽을 3등분하여 접는데 위로부터 ⅓지점을 먼저 접고 아래로부터 ⅓지점을 맨 위로 접어 올린다. 반죽을 오른쪽으로 45° 돌린 후 밀대를 이용해 길이의 가장자리를 가볍게 밀어 평평하게 한다. 다시 반죽을 12×35cm 크기의 직사각형으로 밀어 앞에서처럼 3장 접기를 한다. 랩으로 싼 후 30분 정도 냉장을 한다. 앞의 모든 단계를 2번 더 반복하고 반죽을 냉장고에 하룻밤 넣어둔다.

오븐을 145℃로 예열한다. 오븐 팬에 버터를 칠하고 반죽을 1~2mm 두께로 민다. 몇 방울의 물을 뿌린 팬 위에 팬과 같은 크기로 자른 반죽을 놓는다. 그 위에 식힘망을 얹고 오븐에서 45분간 굽는다. 다 구운 후 식힘망을 빼내고 구운 반죽을 식힌다.

p.303에 지시된 크렘 파티시에르 준비, 방법은 그대로 하되 재료는 여기에 제시된 대로 만든다. 완성된 크림의 표면을 랩으로 덮은 뒤 차갑게 식히고 시트는 10×38cm 크기의 3개의 밴드로 자른다. 크림 층과 밴드 모양의 시트를 번갈아 쌓아 밀푀유를 만든 다음 6~8인분으로 잘라 카카오 파우더를 뿌린다.

미니 초콜릿 에클레르
Mini-éclairs au chocolat

20개
난이도 ★ ★
준비 시간 1시간
굽는 시간 16분
냉장 시간 25분

슈 반죽
물 125㎖
버터 50g
소금 ½작은술
설탕 ½작은술
체에 친 밀가루 75g
달걀 2개+달걀 1개(달걀물용)

초콜릿 크렘 파티시에르
다크 초콜릿 75g
우유 250㎖
바닐라 빈 1개
달걀노른자 2개
설탕 65g
옥수수 전분 20g

글라사주
다크 초콜릿 50g
슈거파우더 50g
물 10㎖

슈에 속 채우기 p. 260 참고

오븐을 180℃로 예열한다. 오븐 팬에 버터를 칠한다.

p.269에 지시된 슈 반죽 참고. 재료의 양은 여기에 제시된 대로 바꾸어 사용하여 반죽을 만든다. 반죽이 다 준비되었으면(주걱으로 테스트를 한 후) 원형 깍지를 끼운 짜주머니에 넣고 오븐 팬 위에 5~6cm 길이로 짠다. 짜 놓은 반죽 위에 달걀물을 칠한다. 오븐에 넣어 8분 동안 열지 않고 구운 후 165℃로 온도를 낮춰 색이 날 때까지 8분간 더 굽는다. 에클레르를 살짝 두드려 구워진 정도를 확인한다. 속이 빈 소리가 나면 다 구워진 것이다. 식힘망에 올려 식힌다.

초콜릿 크렘 파티시에르 : 초콜릿은 잘게 다져 볼에 담는다. 냄비에 우유와 바닐라 빈(세로로 칼집을 넣어 안쪽의 씨를 칼끝으로 긁고 깍지와 함께 사용)을 넣고 끓인다. 우유가 끓으면 불에서 내린다. 볼에 달걀노른자와 설탕을 넣고 색이 연해지고 걸쭉해질 때까지 섞은 후 옥수수 전분을 넣고 섞는다. 여기에 바닐라 빈 깍지를 제거한 우유의 절반을 먼저 붓고 잘 섞은 후 남은 우유를 마저 다 넣고 섞는다. 다시 냄비에 모두 부은 후 약한 불에서 크림이 되직해질 때까지 주걱을 멈추지 않고 젓는다. 크림이 끓기 시작하면 1분 동안 더 저은 후 다진 초콜릿에 넣고 잘 섞는다. 초콜릿 크렘 파티시에르 표면에 랩을 밀착해 붙인 후 냉장고에서 25분간 식힌다.

초콜릿 글라사주 준비하기 : 중탕에서 초콜릿을 녹인다. 슈거파우더를 물에 녹인 후 초콜릿을 넣어 섞고 40℃가 될 때까지 데운다.

원형 깍지를 끼운 짜주머니에 초콜릿 크렘 파티시에르를 채운다. 에클레르 밑에 작은 구멍을 내고 크렘 파티시에르를 채운다. 고무주걱을 이용해 에클레르 표면 위에 글라사주를 바른 후 굳도록 놓아둔다.

레몬 크림을 곁들인 가염 버터 브르타뉴 카카오 사블레
Sablés bretons cacao-beurre salé et crémeux citron

20~30개
난이도 ★ ★
준비 시간 하루 전 15분+40분
냉장 시간 하룻밤
굽는 시간 15~20분

가염 버터 브르타뉴 카카오 사블레 반죽
버터 210g
설탕 180g
플뢰르 드 셀(천일염) 2g
달걀노른자 5개
체에 친 밀가루 250g
체에 친 베이킹파우더 3작은술(16.5g)
체에 친 카카오 파우더(무가당) 30g

레몬 크림
판 젤라틴 2장
달걀 4개
설탕 175g
레몬 주스 150ml
실온 버터 300g

데커레이션
산딸기 200g
딸기 200g

가염 버터 브르타뉴 카카오 사블레 반죽 준비 : 큰 볼에 버터, 설탕, 플뢰르 드 셀을 넣고 크림상태가 될 때까지 섞는다. 여기에 달걀노른자를 한 개씩 넣고 체에 친 밀가루, 베이킹파우더, 카카오 파우더를 넣고 함께 섞는다. 섞은 반죽을 볼 형태로 뭉친 후 랩으로 씌워 냉장고에 하룻밤 넣어둔다.

레몬 크림 준비 : 젤라틴은 얼음을 넣은 차가운 물에 부드러워질 때까지 담그고 달걀은 거품기로 섞는다. 설탕과 레몬 주스는 중탕으로 데운 후 준비해 놓은 달걀을 넣고 10~15분간 반죽이 걸쭉해질 때까지 계속해서 거품을 낸다. 물에 불려둔 젤라틴은 물기를 최대한 제거하고 불에서 내린 달걀, 설탕, 레몬 주스에 넣고 섞는다. 볼에 모두 다 붓고 실온 버터의 절반을 넣어 잘 섞은 다음 냉장고에 15분 동안 넣어둔다. 냉장고에서 꺼내 나머지 버터를 조금씩 넣어가면서 반죽이 매끈하고 광택이 날 때까지 섞는다. 준비된 레몬 크림은 원형 깍지를 끼운 짜주머니에 채워 사용하기 전까지 냉장고에 넣어둔다.

오븐을 180℃로 예열한다. 오븐 팬에 유산지를 깔고 7cm 지름의 원형 틀에 버터를 칠한다.

사블레 반죽을 5mm 두께로 민다. 원형 틀로 찍어낸 후 오븐 팬에 간격을 두어 반죽을 놓는다. 오븐에서 15~20분간 사블레가 단단해질 때까지 굽는다. 사블레를 식힘망에 올려 식힌다.

짜주머니에 있는 레몬 크림을 사블레 위에 로자스(꽃) 모양으로 짠 후 서브하기 전까지 냉장고에 넣어둔다. 신선한 산딸기나 딸기를 곁들여 먹으면 좋다.

셰프의 팁 : 레몬 주스 대신 자몽 주스, 라임 주스, 패션푸르츠 주스로 대체할 수 있다.

초콜릿–산딸기 브르타뉴 사블레
Sablés bretons chocolat-framboise

35개
난이도 ★
준비 시간 1시간
냉장 시간 40분
굽는 시간 10분

브르타뉴 사블레 반죽
실온 가염 버터 160g
슈거파우더 140g
달걀노른자 3개
체에 친 밀가루 210g
체에 친 베이킹파우더 1큰술(5.5g)

초콜릿 무스
다크 초콜릿 150g
(카카오 함량 70%)
생크림 270ml
설탕 75g
달걀노른자 4개

데커레이션
산딸기 잼 약간
산딸기 250g

브르타뉴 사블레 : 큰 볼에 가염 버터와 슈거파우더를 넣고 크림상태가 될 때까지 섞는다. 여기에 달걀노른자를 한 개씩 넣고 섞은 후 체에 친 밀가루와 베이킹파우더를 넣고 섞는다. 반죽을 동그랗게 만들어 랩으로 싼 후 냉장고에 20분간 넣어둔다.

오븐을 180℃로 예열한다. 오븐 팬에 유산지를 깐다.

작업대에 밀가루를 뿌린 후 냉장고에 넣어둔 반죽을 2mm 두께로 민다. 지름 6cm의 원형 틀에 버터를 칠한 후 반죽을 원모양으로 찍어낸다. 준비해놓은 오븐 팬에 적당한 간격을 두고 반죽을 놓는다. 오븐에서 반죽을 만졌을 때 단단해질 때까지 10분 동안 구운 후 식힌다.

초콜릿 무스 : 초콜릿을 다져 중탕에서 녹인 후 불에서 내린다. 볼에 생크림과 설탕을 넣고 거품을 내어 크림이 거품기에서 떨어지지 않을 정도로 단단하게 휘핑한다. 녹인 초콜릿에 휘핑한 생크림의 ⅓과 달걀노른자를 넣어 힘차게 섞은 다음 남은 ⅔분량의 생크림을 넣고 섞는다. 완성된 초콜릿 무스를 별모양 깍지를 끼운 짜주머니에 채워 냉장고에 20분 가량 넣어둔다.

구워놓은 브르타뉴 사블레 위에 티스푼으로 산딸기 잼을 펴 바른다. 그 위에 초콜릿 무스를 로자스(꽃) 모양으로 짠 뒤 맨 위에 산딸기를 얹는다. 서브하기 전까지 완성된 브르타뉴 사블레를 냉장고에 보관한다.

초콜릿 사블레
Sablés au chocolat

35개
난이도 ★
준비 시간 30분
냉장 시간 20분
굽는 시간 15분

차가운 가염 버터 200g
초콜릿 50g
밀가루 200g
카카오 파우더(무가당) 25g
황설탕 80g
달걀노른자 1개

오븐을 180℃로 예열한다. 오븐 팬 위에 유산지를 깐다.

차가운 가염 버터를 작은 정육면체 모양으로 자르고 초콜릿은 잘게 다진다.
큰 볼에 밀가루, 카카오 파우더, 황설탕을 넣는다. 여기에 잘라놓은 버터를 넣어 손가락 끝으로 비벼 부슬부슬하게 만든 후 달걀노른자와 다진 초콜릿을 넣고 잘 섞는다.

반죽을 둘로 나눠 각각 지름 3cm의 긴 원통형 모양으로 굴린 후 냉장고에 20분간 넣어둔다. 원통형 반죽을 1cm 두께로 썰어 팬 위에 올려놓고 오븐에서 15분간 굽는다. 완성된 사블레를 오븐 팬 위에서 식힌다.

세프의 팁 : 2가지 색의 사블레를 만들려면 화이트 초콜릿과 다크 초콜릿을 사용하면 된다.

세몰리나 튀김
Semoule en beignets

12개
난이도 ★ ★
준비 시간 150분
냉장 시간 2시간
향 우려내는 시간 30분
굽는 시간 45분

충전용 초콜릿 마스카르포네
다크 초콜릿 100g
마스카르포네 100g

밀크 세몰리나
우유 300ml
바닐라 빈 1개
세몰리나 25g
설탕 25g
비터 아몬드 에센스 약간(몇방울)
아몬드 파우더

튀김옷
껍질 제거한 아몬드 100g
식빵 가루 100g
달걀 2개 풀어 놓은 것

튀김 기름 ½ ℓ
설탕

초콜릿 마스카르포네 : 다크 초콜릿을 중탕으로 녹인 후 미지근하게 식혀 마스카르포네를 넣고 섞는다. 냉장고에 넣어 단단하게 굳힌 후 꺼내어 12개의 동그란 모양으로 만들고 다시 냉장고에 1시간 동안 넣어둔다.

밀크 세몰리나 : 냄비에 바닐라 빈(세로로 칼집을 넣어 칼끝으로 안쪽의 씨를 긁어내어 깍지와 같이 사용)과 우유를 함께 넣고 끓기 전까지 데운 후 불에서 내린다. 냄비 뚜껑을 덮고 바닐라 향을 30분간 우려낸 후 바닐라 빈을 제거하고 우유를 한 번 더 끓인다. 불에서 내린 우유에 세몰리나를 조금씩 넣어가며 주걱으로 젓는다. 설탕과 비터 아몬드 에센스를 넣고 저으며 다시 한 번 더 끓인다. 아주 약한 불에서 세몰리나가 눌러 붙지 않게 틈틈이 저어가며 20분간 끓인 다음 가장자리가 올라온 팬이나 그라탱 용기에 부어 식힌다.

식힌 밀크 세몰리나를 12인분으로 나누어 앞서 준비한 12개의 초콜릿 마스카르포네를 감싼 후 손에 묻지 않게 아몬드 파우더에 굴린다.

튀김옷 준비 : 껍질을 제거한 아몬드를 굵게 다진 후 식빵 가루와 섞는다. 만들어 둔 구슬 모양의 밀크 세몰리나에 달걀을 묻힌 후 아몬드 빵가루에 굴려 적어도 30분 이상 냉장고에 넣어둔다.

튀김기에 기름을 붓고 200℃로 가열하여 미리 만들어 둔 세몰리나를 한 번에 3~4개씩 넣고 3~5분간 노릇노릇하고 바삭하게 튀겨낸다. 이것을 키친타월에 올려 기름을 뺀 뒤 설탕에 굴린다. 남아 있는 구슬 모양의 세몰리나도 이 과정을 반복한다.

셰프의 팁 : 속에 들어갈 초콜릿 마스카르포네를 2시간 정도 냉동시킨 다음 세몰리나로 감싸면 작업이 훨씬 수월하다.

초콜릿 탈리아텔레와 오렌지 샐러드
Tagliatelles au chocolat et salade d'orange

4인분
난이도 ★ ★
준비 시간 1시간
냉장 시간 1시간 30분
휴지 시간 30분
굽는 시간 10분

초콜릿 탈리아텔레(파스타의 일종) 반죽
체에 친 밀가루 200g
소금 약간
달걀 2개
슈거파우더 40g
카카오 파우더(무가당) 40g
물 2~3큰술

오렌지 샐러드
오렌지 4개
설탕 2큰술
석류 시럽 2큰술
오렌지 잼 1큰술
쿠앵트로 2큰술

물 1.5ℓ
설탕 200g
바닐라 파우더

데커레이션
민트 잎

초콜릿 탈리아텔레 반죽 : 볼에 체에 친 밀가루와 소금을 넣고 중앙에 홈을 판다. 다른 볼에는 달걀 2개를 풀고, 슈거파우더와 카카오 파우더를 체에 쳐서 섞은 후 물을 넣고 한 번 더 섞는다. 이 반죽을 미리 파 놓은 밀가루 홈에 붓고 조금씩 섞어 반죽이 손에 붙지 않고 하나로 뭉쳐질 때까지 반죽한다. 반죽을 동그랗게 뭉친 후 랩으로 싸서 냉장고에 1시간 30분 동안 넣어둔다.

작업대에 밀가루를 뿌리고 반죽을 3조각으로 나눈다. 각각의 반죽을 3mm 두께로 밀고 적당한 사이즈의 직사각형으로 자른다. 직사각형 반죽을 탱탱하게 잘 말아 1cm 두께로 자른 후 말려있는 반죽을 푼다. 이 면을 헝겊 위에서 30분 동안 말린다.

오렌지 샐러드 : 오렌지 2개는 즙을 짜서 냄비에 넣고 설탕을 첨가해 끓인다. 불에서 냄비를 내린 후 석류 시럽, 오렌지 잼, 쿠앵트로를 넣고 섞은 후 식힌다.

잘 드는 칼로 2개 남은 오렌지 과육 자르기 : 과일의 둥근 형태를 따라 껍질과 하얀 껍질을 제거한 후 과육과 흰 막 사이에 깨끗하게 칼집을 넣어 과육을 분리해낸다. 분리한 과육을 만들어 둔 시럽에 담고 사용 전까지 냉장고에 넣어둔다.

물과 설탕, 약간의 바닐라 파우더를 첨가해 끓인다. 여기에 초콜릿 탈리아텔레를 넣고 10분 동안 더 끓여 건진 후 오렌지 샐러드와 조심스럽게 섞는다. 4개의 오목한 접시에 담고 민트 잎으로 장식한다.

초콜릿 튀일
Tuiles en chocolat

15개
난이도 ★ ★
준비 시간 35분
식히는 시간 15~25분

다크 초콜릿 250g
구운 아몬드 슬라이스 100g

초콜릿 템퍼링 하기 p.321 참고

두꺼운 투명지를 12×30cm 크기로 5개 잘라 준비한다. 붓, 밀대, 접착 테이프를 준비한다.

다크 초콜릿을 결정화시켜 안정성이 좋은 상태로 만들기 위해 템퍼링 한다. 굵게 다진 다크 초콜릿의 ⅔를 중탕으로 녹인다. 초콜릿의 온도가 45℃가 되면 중탕에서 내린 뒤 남은 다크 초콜릿 ⅓을 넣고 27℃로 식을 때까지 섞는다. 다시 초콜릿 온도를 32℃가 되도록 중탕한다.

잘라 놓은 투명지에 템퍼링한 초콜릿을 붓을 이용해 지름 8cm, 두께 2~3mm의 원 3개를 만들고 구운 아몬드 슬라이스를 각각의 초콜릿 원 위에 뿌린다. 밀대에 초콜릿 원을 만들어 둔 투명지를 감아 접착테이프로 고정한다. 이 작업을 남은 4장도 똑같이 반복해서 겹쳐 감아둔다. 실온에서 15~25분간 초콜릿이 굳을 때까지 놓아둔다. 투명지를 하나씩 걷어내고 그 위에 있는 초콜릿 튀일을 조심스럽게 떼어낸다. 밀폐용기에 넣어 건조한 곳에서 보관한다(최대 온도 12℃).

셰프의 팁 : 작업을 더 편리하게 하기 위해 온도가 적당한 곳에서 준비하면 초콜릿을 다루기가 훨씬 쉬워진다. 또한 p.321의 템퍼링 온도를 보면서 화이트 초콜릿 또는 밀크 초콜릿도 사용할 수 있다.

헤이즐넛 초콜릿 튀일
Tuiles chocolat-noisettes

30개
난이도 ★
준비 시간 30분
냉장 시간 20분
굽는 시간 6~8분

실온 버터 50g
슈거파우더 100g
달걀흰자 2개
체에 친 밀가루 40g
체에 친 카카오 파우더(무가당) 10g
굵게 다진 구운 헤이즐넛 200g

오븐을 180℃로 예열한다. 오븐 팬에 유산지를 깐다.

볼에 실온 버터와 슈거파우더를 넣고 크림 상태가 될 때까지 거품기로 섞는다. 여기에 달걀흰자를 조금씩 넣어가며 잘 섞은 다음 체에 친 밀가루, 카카오 파우더를 섞는다. 이 반죽을 냉장고에 20분간 넣어둔다.

오븐 팬 위에 지름 6cm 크기의 원모양의 반죽을 만들어 그 위에 굵게 다진 헤이즐넛을 뿌린다. 오븐에서 6~8분간 굽는다.

알맞게 구워진 반죽은 단단하게 굳기 전 오븐 팬에서 떼어낸 뒤 밀대에 감아 튀일 모양으로 살짝 휘게 만든다.

셰프의 팁 : 요리 도구 중에 삼각 팔레트를 사용하면 튀일을 떼어내기에 적절하고 유용하다. 밀대가 없다면 병을 사용해도 좋다.

Tendres
friandises

사탕과자와 초콜릿 봉봉

프랄린 페이스트
만들기

선택한 레시피의 230g의 프랄린 페이스트를
준비한다(p.364 참고).

① 냄비에 물과 설탕 150g을 함께 끓인 후 껍질을 제거한
아몬드 75g과 헤이즐넛 75g을 넣고 나무주걱으로 섞는다.
불에서 내려 아몬드와 헤이즐넛이 하얗게 될 때까지 계속
젓는다. 결정화 된 설탕을 다시 불에 올려 녹인다.

② 견과류가 캐러멜화 되고 소리가 나기 시작하면 미리
기름을 칠해 준비해둔 팬 위에 펼쳐 놓아 식힌다.

③ 프랄린을 작게 조각낸다. 푸드 프로세서에 곱게 간 후
페이스트 상태가 되도록 한 번 더 간다(페이스트 상태가
잘 되려면 한 번씩 푸드 프로세서를 멈춰 고무주걱으로
섞으면서 간다).

초콜릿 템퍼링 하기

선택한 레시피에 따라 다크 초콜릿의 양을 정한다(p.332 또는 p.362 참고).

① 다크 초콜릿 300g을 다진다. 중탕으로 ⅔만 녹인다. 중탕 물의 온도는 물이 완전히 끓기 전 서서히 떨릴 정도면 적당하다. 물이 초콜릿에 닿지 않게 조심한다.

② 초콜릿의 온도가 45℃면 중탕에서 내린 뒤 남아있는 다진 초콜릿을 넣고 고무주걱으로 한 번씩 저으며 식힌다.

③ 초콜릿의 온도가 27℃면 다시 중탕으로 천천히 저으며 32℃로 온도를 높인다. 초콜릿이 매끈하고 반짝거리면 초콜릿 틀에 붓기, 초콜릿 코포, 또는 봉봉 코팅에 사용할 준비가 된 것이다.

밀크 초콜릿은 45℃로 녹여 26℃로 식힌 뒤 다시 29℃로 올린다. 화이트 초콜릿은 40℃로 녹여 25℃로 식힌 후 다시 28℃로 올린다.

초콜릿 봉봉
몰딩 하기

초콜릿을 템퍼링 하고, 가나슈와 선택한 레시피에 따라 알맞은 틀을 선택하여 준비한다(예를 들어 p.338 참고).

① 작업대 위에 두꺼운 비닐을 깔아둔다. 틀을 비스듬히 놓고 국자를 이용해 템퍼링한 초콜릿을 틀 안에 채운다.

② 틀에 생긴 공기방울을 제거하기 위해 작업대 위에 틀을 내려친 후 뒤집어 여분의 초콜릿이 흐르도록 한다.

틀 표면을 삼각 스크레퍼로 긁어낸다. 틀 안쪽에는 초콜릿이 얇게 발려 있어야 하고 겉면은 깨끗해야 한다. 30분간 실온에서 굳힌다.

③ 원형 깍지를 끼운 짜주머니로 초콜릿 가장자리를 건드리지 않고 틀 안에 ¾ 정도만 가나슈를 채운다. 냉장고에서 20분간 굳힌다.

④ 작업대 위에 올려 놓은 두꺼운 비닐을 바꾼다. 틀을
비스듬히 놓고 국자를 이용해 틀 안에 채워놓은 가나슈가
전체적으로 초콜릿으로 덮이도록 템퍼링한 초콜릿을
붓는다.

⑤ 다시 삼각 스크레퍼를 이용해 틀 표면의 여분의
초콜릿을 긁어낸 후 냉장고에 20분간 넣어둔다.

⑥ 초콜릿이 굳으면 틀을 뒤집어 작업대에 내려쳐 봉봉
초콜릿을 틀에서 뺀다.

초콜릿 봉봉
코팅 하기

가나슈를 준비하고, 선택한 레시피에 따라 가나슈의 형태와 냉장고에서의 굳히기 정도를 선택한다(p.342, 370 또는 p.378 참고).

① 냉장고에 넣어둔 가나슈를 꺼내어 실온에 둔다(이상적인 온도는 18~22℃). 무가당 카카오 파우더를 깊이가 있는 용기에 담는다. 초콜릿은 템퍼링한다(p.321 참고). 일반 포크 또는 초콜릿용 포크를 준비한다(고리 모양 또는 삼지창 모양 초콜릿 포크).

② 포크를 가나슈 밑으로 밀어 넣은 후 템퍼링한 초콜릿에 담갔다 꺼내어 여분의 초콜릿이 빠지도록 놓아둔다. 조심스럽게 털어 여분의 초콜릿을 제거한 후 볼 가장자리 위에서 포크 밑부분에 묻어 있는 초콜릿을 여러 번 걷어내어 코팅이 매끈해지도록 한다.

③ 초콜릿 가나슈를 포크를 이용해 카카오 파우더에 굴린 후 실온에서 10분간 굳힌다. 나머지 봉봉 초콜릿도 같은 방법으로 한 후 체에 넣고 흔들어 여분의 카카오 파우더를 제거한다.

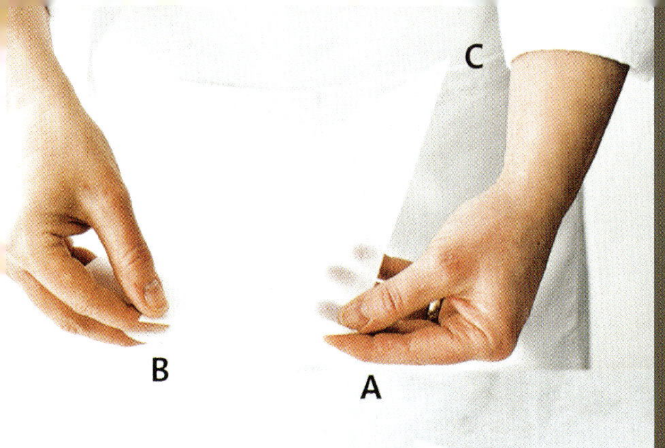

코르네 만들기와 디저트 데커레이션 하기

선택한 레시피에 따라 사용할 초콜릿 양 적용하기(p.328 참고).

① 20×30cm 크기의 직사각형 유산지를 직각 삼각형으로 자른다. 삼각형의 직각이 왼쪽 위로 오게 놓는다. 직각을 A, 오른쪽의 오른쪽 위 각을 B, 그리고 아래쪽 각을 C라고 임의로 부른다. 삼각형의 긴 변 위에 한 점을 포인트로 잡고 B각을 A방향으로 감아 원뿔 모양을 만든다. C각을 잡고 그 위로 감아 코르네의 끝이 가능한 한 가장 뾰족하게 만든다. 코르네가 풀리지 않게 고정시키기 위해 C각의 끝을 안쪽 면으로 들어가게 접는다.

② 코르네에 미지근하게 녹인 초콜릿을 숟가락으로 채운다.

③ 윗부분을 접어 코르네를 닫고, 코르네의 뾰족한 부분으로 초콜릿이 모이도록 감아 접어 종이가 팽팽하게 되도록 한다. 원하는 크기가 되게 끝을 자른 후 디저트 데커레이션에 사용한다.

초콜릿 아몬드 아부키르
Amandes Aboukir au chocolat

20개
난이도 ★ ★
준비 시간 45분
휴지 시간 30분

노란색 아몬드 페이스트 200g
껍질을 벗겨 구운 아몬드 20개

코팅
다크 초콜릿 300g

초콜릿 템퍼링 하기 p.321 참고

노란색 아몬드 페이스트를 지름 2cm의 긴 원통으로 만들어 20조각으로 자른다(한 개당 10g 정도). 잘라놓은 20개의 아몬드 페이스트를 장갑을 끼고 양손으로 굴려 타원형으로 만든다. 타원형으로 만든 아몬드 페이스트에 통 아몬드를 길이로 살짝 눌러 넣는다.

코팅 : 다크 초콜릿을 결정화시켜 안정성이 좋은 상태로 만들기 위해 템퍼링 한다. 굵게 다진 다크 초콜릿의 ⅔를 중탕으로 녹인다. 초콜릿의 온도가 45℃가 되면 중탕에서 내린 뒤 남은 다크 초콜릿 ⅓을 넣고 27℃로 식을 때까지 섞는다. 다시 초콜릿 온도를 32℃가 되도록 중탕한다.

오븐 팬에 유산지를 깔고 나무 꼬치를 이용해 아몬드 아부키르를 찍어 템퍼링한 초콜릿에 ¾만 담갔다가 준비해 둔 팬 위에 놓는다. 실온에서 30분간 굳힌다.

꼬치를 제거한 후 아몬드 아부키르를 밀폐용기에 넣어 시원한 곳에 놓고(최고 온도 12℃) 15일 안에 먹는다.

셰프의 팁 : 다른 색의 아몬드 페이스트를 원하면 기본 아몬드 페이스트에 원하는 색의 식용색소를 섞어 사용한다.

봉봉 아나벨라
Bonbons Annabella

30개
난이도 ★ ★
재워놓는 시간 하룻밤
준비 시간 1시간 30분

건포도 40g
럼 20ml
아몬드 페이스트 150g
슈거파우더 약간

코팅
화이트 초콜릿 300g

데커레이션
다크 초콜릿 50g

초콜릿 템퍼링 하기 p.321 참고

건포도를 럼에 하루 동안 재워둔다.

럼에 재워둔 건포도를 아몬드 페이스트에 섞는다. 작업대에 슈거파우더를 뿌리고 비닐장갑을 낀다. 반죽을 둘로 나눠 원통형으로 길고 일정하게 모양을 잡아가며 작업대에 굴려 긴 원통형으로 만든 다음 1cm 길이(10~15g)로 자른다. 손으로 굴려 구슬 모양으로 만든 후 팬 위에 놓는다.

코팅 : 화이트 초콜릿을 결정화시켜 안정성이 좋은 상태로 만들기 위해 템퍼링 한다. 화이트 초콜릿을 굵게 다진 후 ⅔를 중탕으로 녹인다. 초콜릿의 온도가 40℃가 되면 중탕에서 내린 뒤 남은 화이트 초콜릿 ⅓을 넣고 25℃로 식을 때까지 섞는다. 다시 초콜릿 온도를 28℃가 되도록 중탕한다.

유산지를 이용해 종이 코르네를 만들고(p.325 참고) 다크 초콜릿은 중탕으로 녹인다. 기다리는 동안 다시 장갑을 끼고 만들어 둔 구슬 모양의 반죽들을 템퍼링한 화이트 초콜릿에 담근 후 꺼내 가볍게 흔들어 여분의 초콜릿을 제거한다. 유산지 위에 화이트 초콜릿이 굳을 때까지 놓아둔다. 종이 코르네에 녹여놓은 다크 초콜릿을 채운다. 위쪽 부분을 접은 후 종이를 감아서 끝의 뾰족한 부분으로 초콜릿을 모은다. 화이트 초콜릿이 굳기 시작하면 종이 코르네의 끝을 잘라 그 위에 다크 초콜릿으로 줄무늬를 낸다.

셰프의 팁 : 코르네 대신 티스푼에 녹인 다크 초콜릿을 담아 재빨리 흩뿌려 봉봉 아나벨라 위에 줄무늬를 낼 수 있다. 봉봉 아나벨라를 카카오 파우더에 굴린 클래식한 초콜릿 트뤼프와 함께 놓으면 색감과 전시효과도 낼 수 있다.

부드러운 초콜릿 캐러멜
Caramels mous au chocolat

25개
난이도 ★ ★ ★
준비 시간 30분
냉장 시간 2시간

다크 초콜릿 80g
생크림 250ml
설탕 250g
꿀 75g
버터 25g

다진 초콜릿을 볼에 넣는다.

생크림을 냄비에 넣어 끓이고, 다른 냄비에 50g의 설탕을 넣고 불에 올려 나무주걱으로 한 번씩 저으면서 끓인다. 설탕이 황갈색이 되면 불을 끄고 생크림을 조금씩 넣어가며 젓는다. 남은 설탕을 넣고 캐러멜이 매끈해질 때까지 계속해서 저어준다(이때 타지 않게 주의한다).

만들어 놓은 캐러멜에 젖은 나무주걱을 이용해 꿀을 섞어 114℃가 될 때까지 끓인다. 여기에 다진 초콜릿을 조금씩 넣어 섞은 후 버터를 넣는다.

18×18cm 크기의 케이크 틀에 유산지를 깔고 만들어 놓은 초콜릿 캐러멜을 부운 후 냉장고에 2시간 동안 둔다.

틀의 내벽을 칼날로 한 번 돌려 틀에서 제거한 뒤 캐러멜을 원하는 크기로 자른다.

셰프의 팁 : 바닥이 뚫려있는 케이크 틀이 없다면 정사각 틀 바닥에 랩을 깔아 사용한다. 랩을 깔 때 틀 옆면까지 올라오게 깔면 틀에서 쉽게 꺼낼 수 있다.

로열 체리
Cerisettes royales

30개
난이도 ★ ★
체에 건져두는 시간 하룻밤
준비 시간 30분
휴지 시간 30분

체리주에 담긴 꼭지 달린 체리 300g

코팅
다크 초콜릿 350g

초콜릿 템퍼링 하기 참고 p.321

체리를 체에 건져 하루 동안 물기를 뺀다.

코팅하기 : 다크 초콜릿을 결정화시켜 안정성이 좋은 상태로 만들기 위해 템퍼링한다. 굵게 다진 다크 초콜릿의 ⅔를 중탕으로 녹인다. 초콜릿의 온도가 45℃가 되면 중탕에서 내린 뒤 남은 다크 초콜릿 ⅓을 넣고 27℃로 식을 때까지 섞는다. 다시 초콜릿 온도를 32℃가 되도록 중탕한다.

체리의 꼭지를 잡고 템퍼링한 초콜릿에 담근 후 가볍게 흔들어 여분의 초콜릿을 제거한 뒤 유산지 위에 놓는다. 30분 동안 실온에 두어 굳힌다.

셰프의 팁 : 코팅한 초콜릿의 외관을 매끈하고 반짝거리게 유지하려면 실온 상태의 체리에 초콜릿을 코팅한다.

오렌지 샤르동
Chardons orange

30개
난이도 ★ ★
준비 시간 20분 + 1시간
휴지 시간 하룻밤

당 절임한 오렌지 필 45g
아몬드 페이스트 200g
키르슈 1큰술
슈거파우더 약간

코팅
다크 초콜릿 350g

초콜릿 템퍼링 하기 p.321 참고

당 절임한 오렌지 필을 작게 다진 후 아몬드 페이스트와 키르슈를 넣고 균일한 반죽이 되도록 잘 섞는다. 작업대에 슈거파우더를 뿌리고 비닐장갑을 낀다. 반죽을 둘로 나눈 후 원통형으로 길고 일정하게 모양을 잡아가며 작업대에 굴려 긴 원통형으로 만든 다음 1cm(15g) 길이로 자른다. 아몬드 반죽을 동그랗게 굴린 후 평평한 판 위에 놓고 하룻밤 말린다.

오븐 팬에 유산지를 깔아둔다.

코팅 : 다크 초콜릿을 결정화시켜 안정성이 좋은 상태로 만들기 위해 템퍼링 한다. 굵게 다진 다크 초콜릿의 ⅔를 중탕으로 녹인다. 초콜릿의 온도가 45℃가 되면 중탕에서 내린 뒤 남은 다크 초콜릿 ⅓을 넣고 27℃로 식을 때까지 섞는다. 다시 초콜릿 온도를 32℃가 되도록 중탕한다.

장갑을 끼고 만들어 둔 동그란 모양의 아몬드 반죽을 템퍼링한 초콜릿에 하나씩 담근다. 실온에 두어 굳으면 다시 한 번 템퍼링한 초콜릿에 담근 후 가볍게 흔들어 여분의 초콜릿을 제거한 후 식힘망 위에 놓는다. 초콜릿이 굳기 시작하면 식힘망 위에서 볼을 굴려 표면이 뾰족한 모양(엉겅퀴 모양)을 만든다. 팬 위에 오렌지 샤르동(엉겅퀴)을 놓고 30분간 실온에 두어 굳힌 다음 밀폐용기에 보관한다.

피스타치오 샤르동
Chardons pistache

40개
난이도 ★ ★
준비 시간 1시간 20분
휴지 시간 1일

봉봉 피스타치오
물 1큰술
설탕 20g
잡화꿀 5g
피스타치오 35g
아몬드 페이스트 200g
실온 버터 20g
럼 ½큰술
슈거파우더 약간

코팅
다크 초콜릿 400g

초콜릿 템퍼링 하기 p.321 참고

봉봉 피스타치오 준비 : 물, 설탕, 꿀을 넣고 끓여 시럽을 만든다. 피스타치오를 푸드 프로세서에 곱게 간 다음 시럽을 섞으면서 계속 갈아 페이스트 상태로 만든다. 피스타치오 페이스트에 아몬드 페이스트, 버터, 럼을 넣고 잘 섞는다. 작업대에 슈거파우더를 뿌리고 비닐장갑을 낀다. 반죽을 둘로 나눈 후 길고 일정하게 모양을 잡아가며 작업대에 굴려 30cm 길이의 긴 원통형으로 만든 다음 2cm 길이로 자른다. 손으로 동그랗게 굴린 후 평평한 판 위에 놓고 하룻밤 말린다.

오븐 팬에 유산지를 깔아둔다.

코팅 : 다크 초콜릿을 결정화시켜 안정성이 좋은 상태로 만들기 위해 템퍼링 한다. 굵게 다진 다크 초콜릿의 ⅔를 중탕으로 녹인다. 초콜릿의 온도가 45℃가 되면 중탕에서 내린 뒤 남은 다크 초콜릿 ⅓을 넣고 27℃로 식을 때까지 섞는다. 다시 초콜릿 온도를 32℃가 되도록 중탕한다.

장갑을 끼고 만들어 둔 동그란 모양의 피스타치오 아몬드 반죽을 템퍼링한 초콜릿에 하나씩 담근다. 실온에 두어 굳으면 다시 한 번 템퍼링한 초콜릿에 담근 후 가볍게 흔들어 여분의 초콜릿을 제거한 후 식힘망 위에 놓는다. 초콜릿이 굳기 시작하면 식힘망 위에서 볼을 굴려 표면에 엉겅퀴 모양을 만든다. 팬 위에 피스타치오 샤르동을 놓고 30분간 실온에 두어 굳힌 다음 밀폐용기에 보관한다.

몰딩한 바나나 초콜릿
Chocolats moulés à la banane

30개
난이도 ★ ★ ★
준비 시간 1시간
굽는 시간 10분
냉장 시간 40분

바나나 가나슈
꿀 50g
버터 10g
바나나 ½개(약 75g)
밀크 초콜릿 65g
다크 초콜릿 35g
생크림 50ml

코팅
다크 초콜릿 400g

봉봉 초콜릿 몰딩 하기 p.322 참고

바나나 가나슈 : 냄비에 꿀과 버터를 넣고 끓인 후 바나나를 으깨 넣고 바나나가 풀어질 때까지 끓인 후 그대로 둔다. 두 종류의 초콜릿을 굵게 다져 볼에 넣는다. 생크림을 끓여 다져 둔 초콜릿에 부어 잘 섞은 후 바나나와 섞는다. 가나슈가 되직해 질 때까지 휴지 시킨다.

코팅 : 다크 초콜릿을 결정화시켜 안정성이 좋은 상태로 만들기 위해 템퍼링 한다. 굵게 다진 다크 초콜릿의 ⅔를 중탕으로 녹인다. 초콜릿의 온도가 45℃가 되면 중탕에서 내린 뒤 남은 다크 초콜릿 ⅓을 넣고 27℃로 식을 때까지 섞는다. 다시 초콜릿 온도를 32℃가 되도록 중탕한다.

폴리카보네이트 몰드에 템퍼링한 초콜릿으로 채운다. 틀을 작업대 위에 탁탁 쳐서 공기를 빼낸 후 몰드의 안쪽 면에 초콜릿을 얇게 입힌 후 여분의 초콜릿을 제거하기 위해 틀을 뒤집는다. 틀 가장자리에 묻은 여분의 초콜릿을 깔끔하게 긁어낸 후 실온에 30분간 굳게 놓아둔다. 원형 깍지를 끼운 짜주머니에 바나나 가나슈를 채워 몰드에 ¾을 채운다. 냉장고에서 20분간 굳힌 후 틀에 다시 템퍼링한 초콜릿을 발라 가나슈를 덮어 씌운다. 그리고 가장자리를 깔끔하게 긁어내 여분의 초콜릿을 제거한다. 다시 냉장고에 넣어 20분간 굳힌다. 초콜릿이 굳었으면 틀을 뒤집어 작업대에 대고 가볍게 두드려 빼낸다.

셰프의 팁 : 바나나에 꿀과 버터를 넣고 끓인 후 럼으로 플랑베한 후 으깨면 초콜릿 향이 더 강해진다.

레몬차 초콜릿
Chocolats au thé citron

50개
난이도 ★ ★
준비 시간 1시간
향 우려내는 시간 15분
냉장 시간 50분

레몬차 가나슈
물 50ml
레몬 티백 2개
레몬 2개분의 즙
밀크 초콜릿 240g
다크 초콜릿 80g
달걀노른자 2개
설탕 100g
생크림 50ml

코팅
다크 초콜릿 400g
슈거파우더 약간
강판에 곱게 간 레몬 3개분의 제스트

초콜릿 봉봉 코팅 하기 p.324 참고

레몬차 가나슈 : 물을 끓인 후 레몬 티백을 넣고 15분간 향을 우린다. 티백을 걸러내고 우러난 물 25~30ml에 레몬즙을 섞는다. 초콜릿을 잘게 다진 후 볼에 넣는다. 볼에 달걀노른자와 설탕 ½을 먼저 넣고 거품기로 젓는다. 냄비에 생크림, 준비해둔 레몬즙을 넣은 레몬차, 남은 설탕을 넣고 끓기 시작하면 달걀노른자, 설탕 섞은 것에 모두 붓고 힘차게 저어준다. 이것을 모두 다시 냄비에 부은 후 약한 불에 올려 되직해지면 손가락으로 주걱의 크림을 그었을 때 흘러내리지 않을 때까지 계속해서 저어준다(크림이 끓지 않도록 주의한다). 초콜릿에 부은 후 균일하게 잘 섞일 때까지 거품기로 조심스럽게 섞는다. 가나슈가 굳도록 냉장고에 약 30분간 넣어둔다.

가나슈를 스푼이나 원형 깍지를 끼운 짜주머니를 이용해 동그랗게 만들어준 후 냉장고에 넣어둔다.

코팅 : 다크 초콜릿을 결정화시켜 안정성이 좋은 상태로 만들기 위해 템퍼링 한다. 굵게 다진 다크 초콜릿의 ⅔를 중탕으로 녹인다. 초콜릿의 온도가 45℃가 되면 중탕에서 내린 뒤 남은 다크 초콜릿 ⅓을 넣고 27℃로 식을 때까지 섞는다. 다시 초콜릿 온도를 32℃가 되도록 중탕한다.

용기에 슈거파우더를 넣고 레몬 제스트를 섞는다. 가나슈가 굳으면 냉장고에서 꺼낸다. 포크(또는 초콜릿 포크)를 준비하고 템퍼링한 초콜릿에 가나슈를 담근 후 초콜릿이 담긴 볼 가장자리에 가볍게 친 후 살짝 흔들어 여분의 초콜릿을 제거한다. 레몬 제스트를 섞은 슈거파우더에 가나슈를 굴린 후 식힘망 위에 놓아 굳힌다. 초콜릿이 굳으면 체에 담아 흔들어 여분의 슈거파우더를 제거한 후 밀폐용기에 보관한다.

녹차 초콜릿
Chocolats au thé vert matcha

50개
난이도 ★ ★
준비 시간 1시간
냉장 시간 50분

녹차 가나슈
밀크 초콜릿 240g
다크 초콜릿 80g
달걀노른자 2개
설탕 100g
생크림 100ml
녹차 가루 ¼ 작은술

코팅
다크 초콜릿 400g
카카오 파우더(무가당) 약간

초콜릿 템퍼링 하기 참고 p.321

녹차 가나슈 : 두 종류의 초콜릿을 잘게 다진 후 볼에 넣는다. 다른 볼에 달걀노른자와 설탕을 넣고 색이 연해지고 되직해질 때까지 거품을 낸다. 냄비에 생크림과 녹차 가루를 넣고 한 번 끓인 후 섞어 둔 달걀노른자와 설탕에 조금씩 부어가면서 힘차게 젓는다. 이것을 냄비에 부은 후 약한 불에 올려 2분 동안 나무주걱으로 저어 이것을 되직하고 손가락으로 주걱의 크림을 그었을 때 흘러내리지 않을 때까지 끓인다(크림이 끓어 넘치지 않게 조심한다). 냄비를 불에서 내리고 끓여둔 크림을 다진 초콜릿에 붓고 매끈한 상태가 될 때까지 조심스럽게 잘 섞은 다음 냉장고에 30분간 놓아둔다.

가나슈를 스푼 또는 원형 깍지를 끼운 짜주머니를 이용해 작은 구슬 형태로 만든다.

코팅 : 초콜릿을 결정화시켜 안정성이 좋은 상태로 만들기 위해 다크 초콜릿을 템퍼링 한다. 굵게 다진 다크 초콜릿의 ⅔를 중탕으로 녹인다. 초콜릿의 온도가 45℃가 되면 중탕에서 내린 뒤 남은 다크 초콜릿 ⅓을 넣고 27℃로 식을 때까지 섞는다. 다시 초콜릿 온도를 32℃가 되도록 중탕한다.

용기에 카카오 파우더를 채운 후 포크(또는 초콜릿 포크)를 준비하고 냉장고에 넣어둔 가나슈를 꺼내 템퍼링한 초콜릿에 담근다. 가볍게 흔들어 여분의 초콜릿을 제거한 후 카카오 파우더에 굴린 후 굳힌다. 초콜릿이 굳으면 체에 담아 흔들어 여분의 카카오 파우더를 제거한 후 밀폐용기에 보관한다.

럼에 절인 건포도가 들어간 초콜릿 콩피즈리
Confiseries au chocolat, au rhum et aux raisins

20개
난이도 ★
재워 놓는 시간 하룻밤
준비 시간 30분
냉장 시간 2시간

건포도 30g
럼 50ml
설탕 170g
물엿 60g(또는 잡화꿀)
생크림 140ml
버터 15g
다크 초콜릿 80g

건포도를 럼에 하루 동안 재워둔다.

20×16cm의 틀에 버터를 칠하고 밀가루를 뿌린다.

냄비에 설탕, 물엿(또는 꿀), 생크림, 버터를 넣고 120℃까지 끓인 후 불에서 내린다. 럼에 담가 놓은 건포도를 체에 밭쳐 수분을 제거한 후 냄비에 넣고 60℃로 식힌다.

초콜릿을 굵게 다져 중탕으로 녹인다. 식힌 시럽에 녹인 초콜릿을 넣고 섞는다. 상태가 되직하고 불투명하게 될 때까지 계속해 천천히 저어주되 결정화 되지 않게 너무 많이 섞지 않는다. 틀에 부은 후 냉장고에 2시간 동안 넣어 굳힌다.

틀에서 빼내어 사방 4cm 크기의 정사각형으로 자른 후 실온에서 몇 시간 정도 말린 후 밀폐용기에 보관한다.

셰프의 팁 : 칼을 미리 뜨거운 물에 데워두면 쉽게 자를 수 있다. 물엿은 결정화 되지 않은 액상의 설탕이며, 제품을 부드럽게 해주는 역할을 한다.

아몬드 크루스티앙
Croustillants aux amandes

20개
난이도 ★ ★ ★
준비 시간 1시간 15분
식히는 시간 10분

봉봉 크루스티앙
물 30ml
설탕 150g
껍질 벗긴 아몬드 75g
껍질 벗긴 헤이즐넛 75g
밀크 초콜릿 75g
푀이유틴 50g

캐라멜화한 아몬드
물 1큰술
설탕 10g
껍질 벗긴 아몬드 35g
버터 5g

코팅
밀크 초콜릿 400g

봉봉 크루스티앙 : 냄비에 물, 설탕을 넣고 끓인 후 껍질 벗긴 아몬드와 헤이즐넛을 넣고 나무주걱으로 섞는다. 불에서 내린 후 설탕이 결정화 되어 아몬드와 헤이즐넛이 새하얀 가루로 뒤덮이도록 잘 섞은 후 다시 약한 불에 냄비를 올려 설탕이 녹게 놓아둔 후 캐라멜화 한다. 아몬드와 헤이즐넛이 튀는 소리를 내기 시작할 때 불에서 내려 유산지에 펴서 식힌다. 식은 아몬드와 헤이즐넛을 부셔 조각을 낸 후 푸드 프로세서에 넣고 곱게 간 후 한 번 더 갈아 페이스트가 되게 한다(푸드 프로세서로 갈 때 도중에 한 번씩 멈춘 후 고무주걱으로 잘 섞어주면서 간다). 만든 페이스트를 볼에 담는다. 밀크 초콜릿은 중탕으로 녹인 후 페이스트가 있는 볼에 부은 후 푀이유틴을 넣고 잘 섞는다. 18×14cm의 직사각형 틀에 반죽을 붓고 고무주걱으로 잘 편 후 사용 전까지 냉장고에 넣어둔다.

캐라멜화한 아몬드 : 냄비에 물과 설탕을 넣고 끓기 시작하면 약 5분 정도 더 끓인다(117℃가 될 때까지). 불에서 내린 후 아몬드를 넣고 설탕이 결정화 되어 아몬드가 하얗게 뒤덮일 때까지 잘 섞는다. 다시 약한 불에 냄비를 올린 후 설탕이 녹게 두어 캐러멜화 한다. 마지막에 버터를 넣고 섞은 후 유산지에 펼쳐 주걱으로 아몬드가 붙지 않게 떼어낸 후 식힌다.

코팅 : 밀크 초콜릿을 템퍼링한다(p.321 참고).

봉봉 크루스티앙을 틀에서 **빼낸** 후 뜨거운 물에 담근 칼을 이용해 2×3cm 크기의 직사각형으로 자른다. 포크를 이용해 잘라둔 봉봉 크루스티앙을 템퍼링한 초콜릿에 담근 후 가볍게 흔들고 볼 가장자리에 초콜릿을 훑어 여분의 초콜릿을 걷어낸 후 유산지 위에 놓는다. 캐라멜화한 아몬드를 하나씩 각각의 초콜릿 위에 놓아 장식한다.

셰프의 팁 : 사각 틀이 없다면 위에 제시된 같은 크기의 직사각형 플라스틱 용기를 사용할 수 있다.

초콜릿 입힌 과일
Fruits enrobés

4~6인분
난이도 ★
준비 시간 20분
냉장 시간 15분

딸기 250g
귤 2개
다진 다크 초콜릿 185g
식용유 1큰술(선택)

오븐 팬에 유산지를 깔아둔다. 딸기는 씻어서 통째로 준비한다. 귤은 껍질을 벗기고 조각으로 떼어 놓는다.

초콜릿은 중탕으로 천천히 녹인 후 경우에 따라 식용유를 넣는다. 초콜릿이 균일하게 섞이면 중탕에서 내려 행주 위에 놓아 따뜻하게 유지한다.

딸기는 꼭지를 잡고 ¾ 정도 초콜릿에 담근 후 볼의 가장자리 위에서 여분의 초콜릿을 살짝 걷어내어 팬 위에 놓는다. 조각으로 떼어 놓은 귤은 키친타월로 물기를 제거한 후 위의 작업을 반복한다.

모든 과일에 ¾ 높이까지 초콜릿을 입혀 냉장고에 15분간 넣어 둔다. 냉장고에서 꺼낸 뒤 바로 먹게 되면 과일의 풍미가 덜하고 초콜릿이 단단하므로 어느 정도 실온에 놓아두어 온도가 올라간 다음 먹는다.

셰프의 팁 : 과일에 초콜릿이 두껍게 입혀지면 초콜릿이 담긴 볼을 따뜻한 물이 담긴 볼에 얹어 온도를 올려 사용한다. 이때 초콜릿이 너무 뜨거워지지 않게 주의한다.
모든 종류의 과일에 초콜릿을 입힐 수 있으나 표면이 건조한 과일을 선택해 자르지 않고 통째로 사용하는 것이 좋다.

화이트 초콜릿 피스타치오 퍼지
Fudges au chocolat blanc et aux pistaches

36개
난이도 ★
준비 시간 20분
냉장 시간 2시간

화이트 초콜릿 200g
버터 20g
생크림 150ml
잡화꿀 50g
설탕 125g
굵게 다진 피스타치오 80g

18×18cm의 정사각형 틀에 유산지를 깔아둔다.

화이트 초콜릿은 다져 버터와 함께 볼에 담는다. 냄비에 생크림, 꿀, 설탕을 넣고 112℃가 될 때까지 끓인다. 초콜릿과 버터가 담긴 볼에 부어 균일하게 섞일 때까지 골고루 젓는다. 여기에 다진 피스타치오를 넣고 섞는다.

틀에 준비해둔 반죽을 붓고 냉장고에 2시간 동안 넣어둔다.

단단해지면 가로 세로 3cm인 크기 정사각형으로 자른다.

셰프의 팁 : 화이트 초콜릿 피스타치오 퍼지는 일주일 동안 보관할 수 있다.

가염 버터를 넣은 초콜릿 캐러멜 봉봉
Gros bonbons au chocolat, caramel laitier au beurre demi-sel

10개
난이도 ★ ★
준비 시간 30분
굽는 시간 6~8분
식히는 시간 15분

직사각형 브릭시트 10장
다크 초콜릿 300g
생크림 300ml
우유 100ml
설탕 300g
가염 버터 100g
무염 버터 150g

브릭시트를 20×15cm 크기의 직사각형으로 자른다.

초콜릿은 다져 볼에 담고 생크림과 우유는 냄비에 넣고 끓인다. 다른 냄비에 설탕 100g을 넣고 나무주걱으로 한 번씩 섞어가며 끓인다. 설탕이 캐러멜색이 되면 불을 끄고 끓여둔 생크림과 우유를 조금만 부어 나무주걱으로 섞는다. 남은 생크림과 우유를 조금씩 넣어가며 섞은 후 남은 설탕도 넣는다. 캐러멜이 되어 매끈해질 때까지 나무주걱으로 섞는다(이때 타지 않도록 주의한다). 캐러멜이 114℃가 될 때까지 끓인다. 미리 다져둔 초콜릿을 조금만 넣고 나무주걱으로 섞은 후 남은 초콜릿, 가염 버터, 무염 버터 100g을 점차적으로 넣으면서 섞는다.

팬에 캐러멜을 부은 후 랩으로 싸서 완전히 식을 때까지 냉장고에 약 15분간 넣어둔다.

오븐을 200℃로 예열한다. 두 개의 오븐 팬에 유산지를 깐다.

차가워진 캐러멜을 10개로 나눈 후 잘라놓은 브릭시트 중앙에 놓고 사탕 모양으로 말아준 후 양쪽 끝을 고정시킨다. 이때 두 개의 나무집게를 꽂아 고정시킬 수도 있다. 말아둔 캐러멜에 무염 버터를 칠한 후 팬 위에 놓는다. 브릭시트에 색이 나기까지 오븐에 넣어 6~8분간 구워 따뜻하게 서브한다.

캐러멜화한 초콜릿 밤
Marrons au chocolat caramélisé

12개
난이도 ★ ★
체에 건져놓는 시간 하룻밤
준비 시간 30분
식히는 시간 15분

당 절임한 밤 12개
다크 초콜릿 50g
설탕 250g
물 60ml
잡화꿀 50g

볼 위에 체를 얹고 당 절임한 밤을 체에 밭쳐 시럽을 빼놓는다.

다크 초콜릿은 다지고 오븐 팬 위에 유산지를 깔아둔다.

12개의 클립을 펼쳐 갈고리 모양으로 구부린 후 밤을 꽂는다.

설탕, 물, 꿀을 섞어 114℃가 될 때까지 끓인 후 다진 초콜릿을 넣고 잘 섞는다.

작업대 위로 약 20cm 높이로 식힘망을 놓는다. 섞어 둔 캐러멜 초콜릿에 밤을 담근 후 갈고리를 이용해 식힘망에 매달아 캐러멜 초콜릿이 물기가 빠지는 꼬리 형태로 잡힐 때까지 15분 동안 식힌다. 초콜릿이 굳으면 클립을 뺀다.

다크 초콜릿 망디앙
Mendiants au chocolat noir

30개
난이도 ★ ★
준비 시간 1시간

다크 초콜릿 500g
헤이즐넛 30g
작게 자른 말린 살구 60g
피스타치오 60g
말린 크랜베리 30g

초콜릿 템퍼링 하기 p.321 참고

오븐 팬 위에 유산지를 깔아둔다.

다크 초콜릿을 결정화시켜 안정성이 좋은 상태로 만들기 위해 템퍼링 한다. 굵게 다진 다크 초콜릿의 ⅔를 중탕으로 녹인다. 초콜릿의 온도가 45℃가 되면 중탕에서 내린 뒤 남은 다크 초콜릿 ⅓을 넣고 27℃로 식을 때까지 섞는다. 다시 초콜릿 온도를 32℃가 되도록 중탕한다.

템퍼링한 초콜릿을 지름 4mm의 원형 깍지를 끼운 짜주머니에 채운 후 팬 위에 지름 3cm 크기의 작은 원반형으로 짠다.

초콜릿이 굳기 전 원반형 초콜릿 위에 헤이즐넛, 말린 살구, 피스타치오, 말린 크랜베리를 올려 실온에서 30분간 굳힌다. 밀폐용기에 담아 보관한다.

셰프의 팁 : 다크 초콜릿 망디앙에 다른 종류의 말린 과일을 사용해도 좋다. 예를 들어 크랜베리가 없다면 말린 무화과로 대체할 수 있다.

밀크 초콜릿 뮈스카딘
Muscadines au chocolat au lait

30개
난이도 ★ ★
준비 시간 1시간
냉장 시간 20분

가나슈
밀크 초콜릿 200g
생크림 80ml
꿀 25g
프랄린 페이스트 20g
(p.320 참고)

코팅
밀크 초콜릿 350g

데커레이션
슈거파우더 약간

초콜릿 템퍼링 하기 p.321 참고

오븐 팬 위에 유산지를 깔아둔다.

가나슈 준비 : 밀크 초콜릿을 다져 볼에 담는다. 생크림과 꿀을 끓인 후 다져놓은 초콜릿에 부어 고무주걱으로 조심스럽게 저은 후 프랄린 페이스트를 넣고 식힌다. 12mm 크기의 원형 깍지를 끼운 짜주머니에 식은 가나슈를 채우고 팬 위에 긴 원기둥 형태로 짠다. 20분 동안 냉장고에 넣어둔 후 뜨겁게 덥힌 칼로 3cm 길이로 자른다.

코팅 : 밀크 초콜릿을 결정화시켜 안정성이 좋은 상태로 만들기 위해 템퍼링 한다. 굵게 다진 밀크 초콜릿의 ⅔를 중탕으로 녹인다. 초콜릿의 온도가 45℃가 되면 중탕에서 내린 뒤 남은 다크 초콜릿 ⅓을 넣고 26℃로 식을 때까지 섞는다. 다시 초콜릿 온도를 29℃가 되도록 중탕한다.

슈거파우더를 오목한 접시에 놓는다. 포크를 이용해 잘라 둔 가나슈를 템퍼링한 초콜릿에 담근 후 가볍게 흔들어 여분의 초콜릿을 제거한다. 초콜릿을 입힌 가나슈를 슈거파우더에 굴린 후 실온에서 굳힌다. 뮈스카딘이 굳으면 고운 체에 담아 여분의 슈거파우더를 털어서 제거한다.

밀폐용기에 넣어 서늘한(최대 12℃) 곳에 보관하고 열흘 안에 먹는다.

셰프의 팁 : 프랄린 페이스트를 직접 만들지 않을 때는 프랄리네를 구입하면 된다. 또한 동량의 초콜릿과 헤이즐넛 페이스트 등을 사용할 수 있다.

초콜릿 누가
Nougats au chocolat

50개
난이도 ★ ★ ★
준비 시간 45분
굽는 시간 15분
냉장 시간 2시간

헤이즐넛 350g
당 절임한 체리 500g
다크 초콜릿 300g

이탈리안 머랭
달걀흰자 2개
소금 약간
설탕 10g
잡화꿀 300g

설탕 페이스트
설탕 280g
물 100ml
잡화꿀 50g

오븐을 140℃로 예열한다.

헤이즐넛을 오븐에 넣어 15분 동안 굽는다. 당 절임한 체리는 다지고 초콜릿은 잘게 다져 고무주걱으로 가끔씩 저으면서 중탕으로 녹인다.

이탈리안 머랭 : 볼에 달걀흰자와 소금, 설탕을 넣고 거품기로 무스 상태가 될 때까지 거품을 올린다. 냄비에 꿀을 넣고 118~120℃로 끓이고 달걀흰자는 전동 거품기를 계속 돌리면서 그 위에 끓인 꿀을 얇은 실가닥 굵기로 조금씩 붓는다. 달걀흰자가 아주 단단하게 식을 때까지 계속해서 거품기를 돌린다.

30×38cm 크기의 높이가 어느 정도 있는 팬에 유산지를 깔아둔다.

설탕 페이스트 : 냄비에 설탕, 물, 꿀을 넣고 설탕이 잘 녹게 한 번씩 저어주며 145℃가 될 때까지 끓인다.

설탕 페이스트를 미리 만들어 둔 이탈리안 머랭 위에 실가닥 굵기로 조금씩 붓는다. 수분을 날리기 위해 믹싱볼 주변을 토치로 데워가며 계속해서 돌린다. 녹인 초콜릿을 조금씩 넣어준 후 다져놓은 체리와 구운 헤이즐넛을 넣고 고무주걱으로 섞는다. 준비해 둔 팬에 누가 반죽을 1.5cm 높이로 부어 냉장고에 2시간 동안 넣어둔다.

초콜릿 누가를 작은 정사각형 또는 직사각형으로 자른다.

셰프의 팁 : 토치가 없다면 드라이기를 사용하면 된다. 누가에 다크 초콜릿이나 밀크 초콜릿을 코팅할 수도 있다(p. 321 참고). 밀폐용기에 담으면 2~3주간 보관할 수 있다.

팔레 도르
Palets d'or

30개
난이도 ★ ★
준비 시간 약 1시간
냉장 시간 1시간

가나슈
다크 초콜릿 170g
생크림 85ml
잡화꿀 20g
실온 버터 40g

코팅
다크 초콜릿 400g

데커레이션
금가루 약간

초콜릿 템퍼링 하기 p.321 참조

24×14cm 크기의 가장자리가 올라온 용기에 유산지를 깔아둔다.

가나슈 : 다크 초콜릿은 다져 볼에 담는다. 생크림과 꿀을 끓여 다져 둔 초콜릿에 붓고 고무주걱으로 조심스럽게 젓는다. 여기에 버터를 넣는다. 준비해 둔 팬에 가나슈를 6~7cm 두께로 부어 최소 1시간 동안 냉장고에 넣어둔다. 깨끗한 작업대 위에서 식은 가나슈를 팬에서 빼낸 후 2×2cm 크기의 정사각형 모양으로 자른다. 사용 전까지 냉장고에 넣어둔다.

코팅 : 다크 초콜릿을 결정화시켜 안정성이 좋은 상태로 만들기 위해 템퍼링 한다. 굵게 다진 다크 초콜릿의 ⅔를 중탕으로 녹인다. 초콜릿의 온도가 45℃가 되면 중탕에서 내린 뒤 남은 다크 초콜릿 ⅓을 넣고 27℃로 식을 때까지 섞는다. 다시 초콜릿 온도를 32℃가 되도록 중탕한다.

포크를 이용해 둥글게 찍어둔 가나슈를 템퍼링한 다크 초콜릿에 하나씩 담근 후 가볍게 흔들어 여분의 초콜릿을 제거한다. 랩 위에 놓고 30분간 실온에서 굳힌다. 다 굳으면 팔레를 떼어 뒤집어 놓고 평평한 면에 금가루를 뿌린다.

밀폐용기에 넣어 서늘한(최대 12℃) 곳에 보관하고 열흘 안에 먹는다.

셰프의 팁 : 가나슈를 굳힐 때 사용했던 24×14cm 크기의 용기가 없다면 밀폐용기에 유산지를 깔아 대신 사용한다.

로셰
Rochers

30개
난이도 ★ ★
준비 시간 1시간

프랄리네 가나슈
다진 아몬드 100g
비터 초콜릿 60g
(카카오 함량 55~70%)
프랄린 페이스트 120g
(p.320 참고)

코팅
다크 초콜릿 250g

초콜릿 템퍼링 하기 p.321 참고

프랄리네 가나슈 : 코팅 프라이팬에 다진 아몬드를 넣고 약한 불에서 균일한 색이 나도록 볶는다. 볶은 아몬드 중 절반은 입히기 용으로 따로 둔다. 초콜릿은 다져 중탕으로 녹인 후 불에서 내려 프랄린 페이스트와 남아있는 볶은 아몬드를 넣는다. 가나슈를 식혀 두 개의 원통형으로 만든다. 한 조각에 10g 정도 크기로 자르고 구슬 모양으로 굴린 후 접시에 담는다.

코팅 : 다크 초콜릿을 결정화시켜 안정성이 좋은 상태로 만들기 위해 템퍼링 한다. 굵게 다진 다크 초콜릿의 ⅔를 중탕으로 녹인다. 초콜릿의 온도가 45℃가 되면 중탕에서 내린 뒤 남은 다크 초콜릿 ⅓을 넣고 27℃로 식을 때까지 섞는다. 다시 초콜릿 온도를 32℃가 되도록 중탕한다.

비닐장갑을 끼고 구슬 모양의 가나슈를 템퍼링한 초콜릿에 담근다. 가볍게 흔들어 여분의 초콜릿을 제거한 후 유산지 위에 놓는다. 초콜릿이 굳기 시작하면 가나슈를 볶은 아몬드에 굴린다. 밀폐용기에 넣어 서늘한(최대 12℃) 곳에 보관하고 15일 안에 먹는다.

로셰 크루스티앙
Rochers croustillants

30개
난이도 ★ ★
준비 시간 1시간 30분

캐러멜화한 아몬드
껍질 벗긴 아몬드 250g
물 60ml
설탕 150g

코팅
다크 초콜릿 125g

초콜릿 템퍼링 하기 p.321 참고

캐러멜화한 막대형 아몬드 : 날카로운 칼로 아몬드를 막대형으로 자른다. 냄비에 물과 설탕을 넣어 가열하다가 끓기 시작하면 5분쯤 더 두어 117℃까지 온도를 높인다. 불에서 내려 아몬드를 넣고 설탕이 결정화되어 하얀 가루로 뒤덮일 때까지 섞는다. 다시 약한 불에 냄비를 올리고 설탕이 녹아 캐러멜화 되도록 놓아둔다. 유산지 위에 아몬드를 넓게 펼친 후 고무주걱으로 뒤집어가며 식혀 볼에 담는다.

코팅 : 다크 초콜릿을 결정화시켜 안정성이 좋은 상태로 만들기 위해 템퍼링 한다. 굵게 다진 다크 초콜릿의 ⅔를 중탕으로 녹인다. 초콜릿의 온도가 45℃가 되면 중탕에서 내린 뒤 남은 다크 초콜릿 ⅓을 넣고 27℃로 식을 때까지 섞는다. 다시 초콜릿 온도를 32℃가 되도록 중탕한다.

템퍼링한 초콜릿에 아몬드 캐러멜화한 것을 넣은 후 스푼으로 유산지 위에 떠 놓아 작은 동산처럼 만든다. 30분간 실온에서 굳힌다.

셰프의 팁 : 아몬드를 잣으로 대체할 수 있다.

헤이즐넛 트루아 프레르(헤이즐넛 삼형제)
Trois frères noisettes

25개
난이도 ★ ★
준비 시간 1시간 30분

캐러멜화한 헤이즐넛
물 40ml
설탕 100g
헤이즐넛 100g
버터 5g

코팅
밀크 초콜릿 300g

초콜릿 템퍼링 하기 p.321 참고

캐러멜화한 헤이즐넛 : 냄비에 물과 설탕을 넣어 가열하다가 끓기 시작하면 5분쯤 더 두어 117℃까지 온도를 높인다. 불에서 내려 헤이즐넛을 넣고 설탕이 결정화되어 하얀 가루로 뒤덮일 때까지 섞는다. 다시 약한 불에 냄비를 올리고 설탕이 녹아 캐러멜화 되도록 놓아둔 다음 버터를 넣고 섞는다. 포크로 헤이즐넛을 3개씩 재빨리 모아놓고 10분 동안 굳힌다.

코팅 : 밀크 초콜릿을 결정화시켜 안정성이 좋은 상태로 만들기 위해 템퍼링 한다. 굵게 다진 밀크 초콜릿의 ⅔를 중탕으로 녹인다. 초콜릿의 온도가 45℃가 되면 중탕에서 내린 뒤 남은 밀크 초콜릿 ⅓을 넣고 26℃로 식을 때까지 섞는다. 다시 초콜릿 온도를 29℃가 되도록 중탕한다.

포크로 템퍼링한 초콜릿에 3개씩 굳힌 헤이즐넛을 담가 초콜릿을 입힌 다음 유산지에 놓는다. 30분간 실온에서 굳힌 후 서브한다.

간단한 초콜릿 트뤼프
Truffes au chocolat toutes simples

50개
난이도 ★
준비 시간 40분
냉장 시간 50분

가나슈
다크 초콜릿 300g
생크림 100ml
바닐라 에센스 1작은술

코팅
카카오 파우더(무가당) 약간

가나슈 : 초콜릿은 잘게 다져 볼에 넣는다. 생크림과 바닐라 에센스를 끓여 다진 초콜릿에 붓고 거품기로 윤기가 흐를 때까지 조심스럽게 저어준다. 가나슈가 굳을 때까지 냉장고에 30분간 넣어둔다.

오븐 팬에 유산지를 깔아둔다. 스푼이나 원형 깍지를 끼운 짜주머니를 이용해 가나슈를 작은 구슬 모양으로 만들어 팬 위에 놓는다. 냉장고에 20분간 넣어둔다.

코팅 : 오목한 접시에 카카오 파우더를 채운다. 비닐장갑을 끼고 구슬 모양의 가나슈를 두 손으로 굴려 둥글게 만든다. 포크를 이용해 카카오 파우더가 골고루 묻도록 굴린다.

고운 체에 넣고 흔들어 여분의 카카오 파우더를 제거한 후 작은 상자에 넣는다.

밀폐용기에 담아 서늘한 곳(최대 12℃)에 보관하고 15일 안에 먹는다.

셰프의 팁 : 카카오 파우더에 굴리기 전 트뤼프를 카카오 파우더가 담긴 접시에 담아 냉장고에 넣으면 1주일 동안 보관할 수 있다. 완성된 트뤼프를 주름 잡힌 종이틀에 하나씩 담아두면 좋다. 이 레시피는 알코올을 사용하지 않아 아이들에게도 좋다.

레몬 트뤼프
Truffes au citron

50개
난이도 ★ ★
준비 시간 1시간
냉장 시간 50분

레몬 가나슈
밀크 초콜릿 240g
다크 초콜릿 80g
달걀노른자 2개
설탕 100g
생크림 100ml
곱게 간 레몬껍질 2개

코팅
다크 초콜릿 400g
슈거파우더 약간

초콜릿 템퍼링 하기 p.321 참고

레몬 가나슈 : 초콜릿은 잘게 다져 볼에 넣는다. 달걀노른자와 설탕을 섞어 색이 연해지고 되직해질 때까지 거품기로 섞는다. 냄비에 생크림을 끓여 달걀노른자와 설탕 거품낸 것에 조금 넣고 힘차게 젓는다. 냄비에 다시 부어 나무주걱으로 섞으면서 되직하고 주걱을 손가락으로 그었을 때 크림이 흘러내리지 않을 때까지(크림이 끓지 않도록 주의한다) 약한 불에서 2분 동안 끓인다. 냄비를 불에서 내린 후 끓인 크림을 다진 초콜릿에 붓는다. 크림과 초콜릿을 조심스럽게 섞어 매끈한 상태로 만든다. 레몬껍질 간 것을 넣고 잘 섞은 후 가나슈가 굳게 30분 동안 냉장고에 넣어둔다.

오븐 팬에 유산지를 깔아둔다. 스푼이나 원형 깍지를 끼운 짜주머니를 이용해 가나슈를 작은 구슬 모양으로 만들어 팬 위에 짠다. 냉장고에 20분간 넣어둔다.

코팅 : 다크 초콜릿을 결정화시켜 안정성이 좋은 상태로 만들기 위해 템퍼링 한다. 굵게 다진 다크 초콜릿의 ⅔를 중탕으로 녹인다. 초콜릿의 온도가 45℃가 되면 중탕에서 내린 뒤 남은 다크 초콜릿 ⅓을 넣고 27℃로 식을 때까지 섞는다. 다시 초콜릿 온도를 32℃가 되도록 중탕한다.

오목한 용기에 슈거파우더를 채운다. 만들어 둔 구슬 모양의 가나슈가 굳으면 냉장고에서 꺼낸 뒤 비닐장갑을 끼고 템퍼링한 초콜릿에 담근 후 가볍게 흔들어 여분의 초콜릿을 제거한다. 슈거파우더에 굴린 후 실온에서 굳힌다. 트뤼프가 굳으면 고운 체에 넣고 살짝 흔들어 여분의 슈거파우더를 제거한다.

밀폐용기에 담아 서늘한 곳(최대 12℃)에 보관하고 7일 이내에 먹는다.

쿠앵트로 트뤼프
Truffes au Cointreau

50개
난이도 ★ ★
준비 시간 1시간
냉장 시간 약 1시간

가나슈
밀크 초콜릿 150g
다크 초콜릿 150g
생크림 150ml
잡화꿀 50g
쿠앵트로 30ml

코팅
다크 초콜릿 500g
카카오 파우더(무가당) 100g

초콜릿 봉봉 코팅 하기 p.324 참고

오븐 팬에 유산지를 깔아둔다.

가나슈 : 밀크 초콜릿과 다크 초콜릿은 다져 볼에 넣는다. 생크림과 꿀을 섞어 끓인 다음 다진 초콜릿에 붓는다. 고무주걱으로 조심스럽게 저은 후 쿠앵트로를 넣고 냉장고에 30분간 넣어둔다. 가나슈가 식으면 조심스럽게 저은 후 원형 깍지를 끼운 짜주머니에 넣어 팬 위에 작은 구슬 모양으로 짠다. 냉장고에 20분간 넣어둔 후 비닐장갑 끼고 두 손으로 굴려 둥글게 만든다. 냉장고에 10~15분간 넣어둔다.

코팅 : 다크 초콜릿을 결정화시켜 안정성이 좋은 상태로 만들기 위해 템퍼링 한다. 굵게 다진 다크 초콜릿의 ⅔를 중탕으로 녹인다. 초콜릿의 온도가 45℃가 되면 중탕에서 내린 뒤 남은 다크 초콜릿 ⅓을 넣고 27℃로 식을 때까지 섞는다. 다시 초콜릿 온도를 32℃가 되도록 중탕한다.

오목한 접시에 카카오 파우더를 채운다. 포크를 이용해 구슬 모양의 가나슈를 템퍼링한 초콜릿에 담근 후 가볍게 흔들어 여분의 초콜릿을 제거한다. 카카오 파우더에 굴린 후 실온에서 굳힌다. 트뤼프가 굳으면 고운 체에 담아 가볍게 흔들어 여분의 카카오 파우더를 제거한다.

밀폐용기에 담아 서늘한 곳(최대 12℃)에 보관하고 15일 이내에 먹는다.

셰프의 팁 : 쿠앵트로 대신 다른 알코올로 대체할 수 있다. 녹여 놓은 초콜릿이 남은 경우 초콜릿 소스로 이용할 수 있다.

럼 트뤼프
Truffes au rhum

30개
난이도 ★ ★
준비 시간 1시간
냉장 시간 30분

초콜릿–럼 가나슈
다크 초콜릿 170g
생크림 150ml
실온 버터 15g
럼 1작은술

코팅
다크 초콜릿 500g
카카오 파우더(무가당) 100g

오븐 팬에 유산지를 깔아둔다.

초콜릿–럼 가나슈 : 초콜릿은 다져 볼에 넣는다. 냄비에 생크림을 넣고 끓인 후 다진 초콜릿에 부어 잠깐 녹게 둔 후 잘 섞는다. 그 다음 실온 버터와 럼을 넣고 잘 섞어 냉장고에 10분간 넣어둔다. 식으면 고무주걱으로 조심스럽게 저은 후 원형 깍지를 끼운 짜주머니에 넣어 준비해 둔 팬에 작은 구슬 모양으로 짠 후 다시 냉장고에 20분간 넣어둔다. 비닐장갑을 끼고 두 손으로 굴려 둥글게 만든 다음 사용할 때까지 냉장고에 둔다.

코팅 : 다크 초콜릿을 결정화시켜 안정성이 좋은 상태로 만들기 위해 템퍼링 한다. 굵게 다진 다크 초콜릿의 ⅔를 중탕으로 녹인다. 초콜릿의 온도가 45℃가 되면 중탕에서 내린 뒤 남은 다크 초콜릿 ⅓을 넣고 27℃로 식을 때까지 섞는다. 다시 초콜릿 온도를 32℃가 되도록 중탕한다.

오목한 용기에 카카오 파우더를 채운다. 포크를 이용해 템퍼링한 초콜릿에 가나슈를 하나씩 담근 후 가볍게 흔들어 여분의 초콜릿을 제거한다. 카카오 파우더에 굴린 후 30분간 실온에서 굳힌다. 트뤼프가 굳으면 고운 체에 담아 가볍게 흔들어 여분의 카카오 파우더를 제거한다.

밀폐용기에 담아 서늘한 곳(최대 12℃)에 보관하고 15일 이내에 먹는다.

모카 커피 트뤼프
Truffettes au café moka

45~50개
난이도 ★ ★ ★
준비 시간 1시간
냉장 시간 약 1시간

가나슈
밀크 초콜릿 120g
다크 초콜릿 180g
생크림 200ml
꿀 45g
인스턴트 커피 15g
설탕 150g

코팅
다크 초콜릿 400g
볶은 다진 아몬드 40g

초콜릿 봉봉 코팅 하기 p.324 참고

가나슈 준비 : 밀크 초콜릿과 다크 초콜릿은 굵게 다져 볼에 넣는다. 생크림, 꿀, 인스턴트 커피를 섞어 끓인다. 다른 냄비에 설탕을 넣고 캐러멜색이 될 때까지 끓인 후 끓여놓은 생크림, 꿀, 커피를 천천히 부어 잘 섞는다. 이것을 다시 끓여 다진 초콜릿에 부어 고무주걱으로 조심스럽게 섞은 후 냉장고에 30분간 넣어둔다. 가나슈가 식으면 조심스럽게 섞은 후 원형 깍지를 끼운 짜주머니에 채워 유산지를 깐 오븐 팬 위에 작은 구슬 모양으로 짠 후 냉장고에 20분간 넣어둔다. 비닐장갑을 끼고 가나슈를 두 손으로 굴려 둥글게 만든 후 10~15분간 냉장고에 넣어둔다.

코팅 : 다크 초콜릿을 결정화시켜 안정성이 좋은 상태로 만들기 위해 템퍼링 한다. 굵게 다진 다크 초콜릿의 ⅔를 중탕으로 녹인다. 초콜릿의 온도가 45℃가 되면 중탕에서 내린 뒤 남은 다크 초콜릿 ⅓을 넣고 27℃로 식을 때까지 섞는다. 다시 초콜릿 온도를 32℃가 되도록 중탕하여 높인다.

포크를 이용해 템퍼링한 초콜릿에 구슬 모양의 가나슈를 담근다. 가볍게 흔들어 여분의 초콜릿을 제거한 후 유산지 위에 놓는다. 다크 초콜릿이 굳기 시작하면 다진 아몬드에 굴린다.

밀폐용기에 담아 서늘한 곳(최대 12℃)에 보관하고 15일 이내에 먹는다.

셰프의 팁 : 볶은 아몬드 대신 콘플레이크로 대체할 수 있다.

Glossaire 알아두면 좋은 프랑스 제과 용어

B
Bain-Maire[뱅마리]중탕. 준비(내용?)물을 넣은 냄비를 뜨거운 물에 띄워서 가열하는 방법. 간접적으로 익히거나(사바용), 따뜻하게 보관 할 때(소스) 또는 재료를 천천히 녹이는 경우(초콜릿)에 사용.

Beurre Clarifié [뵈르 클라리피에] 버터를 약한 불에 가열하는 방법으로 생긴 고체 입자의 유장(乳漿, petit-lait)을 제거한 버터로서 일반 버터보다 발연점이 높아 잘 타지 않고 변색도 덜 되는 정제 버터.

Beurre noisette[뵈르 누아제뜨] 헤이즐넛 버터. 헤이즐넛 색과 향이 나는 유장을 제거한 끓인 버터.

Beurre en pommade[뵈르 앙 포마드] 스패츌라로 저어서 부드러운 포마드 상태로 만든 버터.

Beurrer[뵈레] ①내용물이 용기에 붙지 않도록 하기 위해 녹인 버터 또는 말랑한 버터를 솔로 용기에 바르다. ②준비물에 버터를 첨가하는 것

Biscuit[비스퀴] 노른자, 설탕, 밀가루와 거품 낸 흰자를 섞어 만든 가벼운 제품.

Blanchir[블랑시르] 노른자와 설탕을 섞어서 색이 연해지고 걸쭉해지도록 거품기로 치다.

C
Caraméliser[캐러멜리제] ① 설탕을 끓여서 노릇하게 색깔을 내다. 제품을 코팅하거나 캐러멜 소스를 만드는데 사용한다.
② 틀에 캐러멜을 바르다
③ 살라만더 (오븐 토스터로 대체?)로 디저트 윗면에 노릇하게 색깔을 내다(크렘 브륄레 등)
④ 향을 내기 위해 준비한 재료에 캐러멜을 첨가하다.
⑤ 슈(choux)를 캐러멜로 덮는다.

Cercle à pâtisserie[쎄르클 아 파티스리] 지름(6cm-34cm)과 높이가 다양한 금속원형 틀. 디저트를 몽타주 할 때 사용한다(앙트르메, 무스 등) 타르트나 플랑을 만들 때 전문가들이 선호하는 틀.

Chantilly[샹티이] 생크림에 설탕과 바닐라 향을 넣어 거품을 올린 것.

Chinois[시누아] 끝이 뾰족하고 손잡이가 달린 금속재질의 올이 가는 체.

Compoter[콩포트] 재료를 천천히 아주 부드러운 상태로 익히다.

Concasser[콩카세] 재료를 굵게 다지다.

Confit[콩피] 재료를 오래 보관할 수 있도록 설탕이나 술이 완전히 스며들게 한 것.

Coucher[쿠셰] 오븐 팬 위에 파트 아 슈와 같은 반죽을 원형 모양깍지나 별 모양깍지를 끼운 짜주머니에 넣어 일정한 간격으로 짜다.

Coulis[쿨리] 과일을 믹서기로 갈거나 익힌 후 체에 거른 고운 유동적인 퓌레. 설탕을 넣을 수도 있고 넣지 않을 수도 있다.

Crème anglaise[크렘 앙글레즈] 커스터드 소스. 우유, 노른자, 설탕을 주재료로 만든 부드러운 바닐라향 크림. 아이스크림 베이스이며 디저트에 곁들여 활용하기도 한다. 크렘 앙글레즈의 바닐라는 다른 향으로 대체할 수 있다(초콜릿, 피스타치오 등)

Crème fouettée[크렘 푸에테] 생크림을 단단해질 때까지 거품 올린 것. 거품기로 들어 올렸을 때 떨어지지 않는 상태까지 휘핑한 크림.

Crème pâtissière[크렘 파티시에르] 커스터드 크림. 우유, 노른자, 설탕, 밀가루를 주재료로 하여 만든 크림. 보통 바닐라로 향을 낸다. 충전물로 많이 사용되며 밀가루는 전분이나 플랑가루(크림가루)로 대체 할 수 있다.

Crémer[크레메] 버터와 설탕을 섞어서 연한 색의 크림상태가 되게 하다.

D
Décuire[데퀴르] 끓고 있는 재료에 적당량의 액체를 천천히 부어서 온도를 낮추고, 텍스처가 부드러워지도록 하다(캐러멜, 설탕 시럽).

Délayer[델레이에] 액체에 용해하다.

Déssécher[데세셰] 재료를 불에 올려 놓고 나무주걱으로 계속 저어가면서 물기를 없애주다. 이때 내용물은 냄비 벽면에서 떨어지고 나무주걱에 감기는 상태가 되도록 한다(파트 아 슈, 과일젤리).

Détailler[데타이에] 미리 밀어놓은 반죽을 쿠키 커터 또는 칼로 여러 형태로 찍어내거나 썰다.

Détrempe[데트랑프] 밀가루, 물, 소금을 섞은 것. 또는 빠뜨 퓌유테를 만드는 과정 중 1차 단계의 반죽.

Dorer[도레] 달걀 또는 노른자를 풀어 반죽에 붓으로 바르다. 구웠을 때 표면에 색깔과 광택이 나게 한다.

Dorure[도뤼르] 달걀 또는 노른자를 풀어
놓은 것. 물을 넣을 수도 있다. 제품에
광택이 나도록 반죽을 굽기 전에 반죽 위에
발라준다.

Douille[두이유] 금속 또는 플라스틱 원형
또는 별 모양 깍지. 오븐 팬에 준비물을
짜거나, 장식을 만들 때 짜주머니에 끼워서
사용한다.

E
Effiler[에필레] 아몬드와 같은 견과류를
얇고 길게 썰다.

Émincer[에맹쎄] 과일 등을 일정하게 얇게
썰다.

Émonder ou monder [에몽도 또는 몽데]
아몬드, 복숭아, 피스타치오 등을 뜨거운
물에 데쳐서 껍질을 벗기다.

Emporte-pièce[앙포르트 피에스] 금속
또는 합성 재질의 다양한 모양 틀(원형,
타원형, 반원형)로써 밀어 놓은 반죽을
일정한 크기로 자를 수 있는 도구

Enrober[앙로베] 재료를 입혀서
코팅하다(초콜릿, 카카오, 설탕 등)

Éponger[에퐁제] 키친 타월이나 행주로
액체나 기름을 제거하다.

Essence[에상스] 재료를 농축한 것으로
향을 내기 위해 사용(커피).

Évider[에비데] 재료의 속을 비우다(사과).

F
Façonner[파소네] 성형. 모양을 잡다.

Fariner[파리네] 틀, 준비물 또는 작업대에
얇게 밀가루를 뿌리다.

Foncer[퐁세] 밀어 놓은 반죽을 틀이나
용기의 바닥과 옆면에 맞추어 끼우다.

Fondre[퐁드르] 고체 재료를 데워서
액체화하다(버터, 초콜릿).

Fontaine[퐁텐] 반죽을 하기 위해 밀가루를
둥근 모양으로 둘러 놓은것. 가운데 공간에
재료를 넣어 반죽한다.

Fouetter[푸에테] 준비물을 가볍게
만들거나 무스상태로 만들기 위해
거품기로 섞다.

Fourrer[푸레] 짠맛이나 단맛의 음식에
준비물을 충전하다(슈 가르니, 프뤼 데기제)

Fraiser ou Fraser[프레제 또는 프라제]
반죽에 탄력성이 생기지 않도록, 손바닥을
이용해 앞으로 밀어서 반죽을 골고루 섞다

Frémir[프레미르] 액체가 끓기 직전의
온도로 자작하게 익히다.

Frire[프리르] 뜨거운 기름에 튀기다.

G
Ganache[가나슈] 생크림을 끓여 다진
초콜릿 위에 부어 섞은 것. 앙트르메.
가토나 봉봉의 속을 채우기 위해 사용.

Génoise[제누아즈] 설탕과 달걀을 중탕한
후 반죽기에 돌려 식힌 다음. 밀가루를
첨가하여 섞어 만든 폭신한 느낌의 제품.
다양한 가토의 기본이 된다. 다른 재료를
첨가해 풍미를 향상시킬 수도 있다(아몬드,
헤이즐넛, 초콜릿 등)

Glacer[글라세] 시각적 효과를 위해
디저트의 표면을 글라사주 또는 슈거
파우더 등으로 코팅하다.

Griller[그리에] 호두, 아몬드, 피스타치오

등을 오븐 팬에 펼쳐 놓고 뜨거운 오븐에
노릇하게 굽는다.

Grué de cacao[그뤼에 드 카카오] 잘게
부순 카카오 빈.

H
Hacher[아셰] 당절임한 과일, 초콜릿,
헤이즐넛, 아몬드 등을 칼이나 믹서기로
다지다.

Huiler[윌레] ① 오븐 팬이나 틀에 제품이
들러 붙지 않도록 식용유를 얇게 바르다.
② 균질화되지 않은 프랄리네를 일컫는다.

I
Imbiber[앵비베] 바바, 제누아즈 등에
시럽이나 알코올을 스며들게 해서
텍스처를 부드럽게 만들고 향을 내다

Incorporer[앵코르포레] 서로 다른 재료를
조금씩 혼합하다.

Infuser[앵퓌제] 끓은 액체에 재료를 넣어
향을 우려내다(민트, 차 등)

L
Levure de boulanger[르뷔르 드
불랑제] 생이스트. 습하고 미지근한
환경에서 밀가루 속에서 발효를 유발해
이산화탄소를 발생시키는 효모균. 이렇게
발생하는 이산화탄소로 인해 반죽이
부풀어 오르게 된다.

Levure chimique[르뷔르 시미크] 베이킹
파우더. 중탄산나트륨과 주석산으로
만들어진 무취 분말 형의 합성 팽창제.

M
Macérer[마세레] 향이 우러나게 한
액체(알코올, 시럽, 차)에 견과류, 과일 또는
당절임한 과일을 재워 놓다.
Marbré[마르브레] 마블링. 동일한 두 가지

반죽으로 색과 향을 대조시킨 디저트(가토 마르브레, 글라스 마르브레 등)

Meringue[머랭그]흰자에 설탕을 넣어 거품 올린 것으로 3종류의 머랭이 있다.
1. 프랑스 머랭 : 흰자에 설탕을 조금씩 넣어서 거품을 올린 것.
2. 이탈리아 머랭 : 거품 낸 흰자에 끓인 설탕을 넣어 올린 것.
3. 스위스 머랭 : 흰자에 설탕을 넣고 중탕으로 거품을 올린 것.

Monder voir Émonder[몽데] 에몽데 참고.

Monter[몽테] 거품기로 재료(흰자, 크림)를 쳐서 볼륨이 생기도록 섞다.

N
Nappage[나파주] 살구 또는 산딸기 잼을 주재료로 만든 젤리. 녹여서 제과나 과일 타르트에 얇게 발라 사용하는 광택제.

Napper[나페] 1.디저트를 나파주로 코팅하다.
2. 디저트를 쿨리 또는 크림으로 코팅하다.
3. 크렘 앙글레즈가 숟가락 뒷부분을 고루 덮을 정도로 끓이다(85℃).

P
Passer[파세] 유동적 또는 반 유동적인 재료의 단단한 입자를 체 또는 시누아로 거르다.

Pâte de cacao[파트 드 카카오]카카오 매스. 카카오 빈을 갈아 반죽 상태로 만든 것. 카카오 또는 초콜릿을 주 재료로 하는 모든 제품의 원료.

Pâton[파통] 버터를 충전하여 접기는 했지만 아직 굽지 않은 상태의 파트 푀유테.

Pétrir[페트리르] 반죽이 되도록 재료를 섞어 치다.
Pincée[팽세] 엄지와 검지로 집은 만큼의

소량(소금, 설탕 등).

Piquer[피케] 제품이 굽는 동안 부풀지 않도록 타르트 바닥에 포크로 작은 구멍을 내다.

Pocher[포셰] 액체가 끓기 직전 상태를 계속 유지하며 재료를 익히는 것. 특히 단맛이 나는 액체에 과일을 익힐 경우를 말한다.

Pousser[푸세] 효모의 활동으로 반죽이 부풀다.

Pralin[프랄랭] 캐러멜화한 아몬드 또는 헤이즐넛을 곱게 간 것.

Praliner[프랄리네] ① 준비물에 프랄린 페이스트를 넣어 향을 내다.
② 프랄리네 만드는 단계에서 아몬드나 헤이즐넛을 끓인 설탕으로 코팅하다.

Q
Quenelle[크넬] 아이스크림 또는 무스를 크기가 같은 숟가락 두 개를 이용해 타원형으로 만드는 것.

R
Rayer[레이에] 반죽을 굽기 전, 달걀 물을 바른 후, 칼끝으로 선을 그어 장식하다(갈레트 데 루아, 사과소송 등)

Réduire[레뒤르] 액체를 끓여 졸이다. 내용물의 농도는 더 걸쭉해지고 맛은 농축된다.

Réserver[레제르베] 미리 준비해 놓은 재료를 나중에 사용하기 위해 차갑게 또는 따뜻하게 보관하다.

Ruban[뤼방] 재료를 골고루 충분히 섞어서 매끈해진 준비물. 거품기로 반죽을 들어 올렸을 때 계속 흘러내리는 리본 상태의 텍스처.

S
Sabler[사블레] 밀가루와 유지를 골고루 섞다. 두 재료가 잘 섞이면 곧바로 작업을 중단한다.

T
Tamiser[타미제] 재료를 덩어리가 생기지 않도록 체에 내리다(카카오 파우더, 밀가루, 슈거 파우더, 베이킹 파우더 등).

Tapisser[타피세] 틀의 표면을 준비물, 반죽, 유산지로 덮다.

Tempérer[탕페레]템퍼링. 초콜릿에 광택을 내고 부수어 보았을 때 단면이 깔끔하게 쪼개지도록 만들다. 템퍼링한 초콜릿은 몰딩 또는 초콜릿 봉봉 코팅에 사용할 수 있다(p. 315 참조)

Tourer[투레] 충전한 버터가 골고루 섞일 수 있도록 반죽을 여러 번 접는다(파트 푀유테, 크루아상 반죽 등)

Travailler[트라바이에] 수작업 또는 믹서기로 힘있게 섞어서 제품에 기포를 포집하거나 재료가 잘 섞이게 하다. 또는 탄성이 생기고 매끈하게 하다.

Turbiner[튀르비네] 아이스크림 기계에 준비한 재료를 넣어 아이스크림 또는 셔벗이 되도록 교반, 동결한다.

V
Vergeoise[베르주아즈] 사탕무 또는 사탕수수로 만든 부드러운 설탕. 황색과 흑색 두 종류가 있다.

Z
Zester[제스테] 제스터나 칼로 감귤류의 껍질을 벗기다(오렌지, 레몬). 향을 낼 때 사용한다.

이 책은 르 꼬르동 블루 요리학교의 요리사와
스태프의 정열과 헌신적인 도움, 각계각층의 아낌없는 협력으로
만들어질 수 있었습니다. 이에 르 꼬르동 블루는
진심으로 감사의 뜻을 표합니다.

르 꼬르동 블루

초콜릿 대백과

발행일	2016년 1월 15일 제1판 2쇄 발행
발행처	(주)미디어컴퍼니 쿠켄
	서울시 중구 동호로 228-1
편집부	02-2235-2665 / fax 02-2235-2664
영업마케팅부	02-2254-2665
독자서비스부	070-8813-2665

발행인	박태신
기획	이은숙, 정연주
저자	르 꼬르동 블루 인터내셔널 교수진
번역	르 꼬르동블루 숙명 아카데미
디자인	모든디자인
출력·인쇄	(주)한산HEP

값 45,000원